工程制图

单鸿波　金　怡　于海燕　编著

东华大学出版社

图书在版编目(CIP)数据

工程制图 /单鸿波等编著. —上海:东华大学出版社，
2014.9
ISBN 978-7-5669-0366-2

Ⅰ.①工…　Ⅱ.①单…　Ⅲ.①工程制图-高等学校-
教材　Ⅳ.①TB23

中国版本图书馆 CIP 数据核字(2014)第 229517 号

主　　审　王晓红
责任编辑　竺海娟
封面设计　李　博

出　　　　版：东华大学出版社(上海市延安西路 1882 号,200051)
本 社 网 址：http://www.dhupress.net
天猫旗舰店：http://dhdx.tmall.com
营 销 中 心：021-62193056　62373056　62379558
印　　　　刷：常熟大宏印刷有限公司
开　　　　本：787 mm×1 092 mm　1/16　印张　10.25
字　　　　数：312 千字
版　　　　次：2014 年 9 月第 1 版
印　　　　次：2014 年 9 月第 1 次印刷
书　　　　号：ISBN 978-7-5669-0366-2/TB·001
定　　　　价：26.80 元

序

 工程是将自然科学的原理应用到工农业生产部门中而形成的各学科之总称。机械工程、化学工程、电气工程等分别为"工程"这一总称中的一个门类，每一工程门类都有各自的专业体系及专业规范。工程图样是用图形、文字、数字和规定符号表示工程信息的载体，设计者用图样表达设计意图，制造者依据图样进行生产。因此，工程图样享有"跨国界的工程技术语言"之称，是指导生产和技术交流的重要技术文件。

 东华大学（原中国纺织大学）工程图学教育在国内有着非常悠久且辉煌的历史，原中国纺织大学制图教研室主持的"工程图学课程改革与建设"项目曾获国家级教学成果优秀奖、上海市特等奖（1989年），以及制图教研室主持的"机械设计与制图一条线综合课程建设与改革"项目获国家教学成果二等奖、上海市一等奖（1993年）。近年，东华大学图学课程先后被评为上海市精品课程（2006年）和上海市重点课程（2007年），且"以学会为桥梁，高校、学会和企业协同推进工程图学教学改革的探索和实践"项目获上海市教学成果二等奖（2013年）、"依托课外科技竞赛平台，以强化实践为特色的图学课程理论与实践教学体系建设与改革"项目获中国纺织工业联合会教学成果奖（2013年），并先后涌现出以曹桃教授、王继成教授两位教育部全国优秀教师为代表的图学教学团队，在图学教育方面做了大量富有成效的工作。本教材编写团队正是在秉承东华图学历史沉淀基础之上，完成了对本教材的编写。

 本教材以培养读者"看图、识图、绘图"能力为目标，从点、线、面的投影到零件图和装配图的规范表达、从传统手工绘图到现代的计算机辅助工程制图，由浅入深、循序渐进，全书涵盖的知识点全面，体系性强，符合教育部高等学校工程图学教学指导委员会规定的教学基本要求，特色鲜明、重点突出，并以目前工厂企业普遍使用的 SolidWorks 软件为工具，导入最新的计算机绘图内容，通过引用工程实际案例较好地贯彻了"理论与实践相结合、教师讲授与学生动手实践一体化"的教学法则。

 随着设计科学、制造科学、信息科学等不同学科的迅猛发展，必将对现有的技术流程和规范带来变革，也必将直接影响到工程图学的教学内容，就如同当年声势浩大"计算机绘图替代手工绘图"的"甩图板工程"对图学教育带来的历史变革，藉此希望中国图学教育的改革能与时俱进、不断超越！

中国工程院院士
2013 年 12 月

前　言

工程图学是画法几何学与工程制图技术规范相结合的学科，工程图样实际是机械图样、化工图样、电气图样、建筑图样、服装图样、水工图样等的总称。本教材重点介绍工程图学的基本知识和应用最为广泛的机械图样，采用最新颁布的《技术制图》《机械制图》国家标准，以 CAD 软件为工具，从基本体和组合体表达、零件图和装配图规范表达两个方面进行了详细撰写，特别是将 CAD 软件三维构形的思想贯穿到形体的表达，以期望达到"使抽象的表达具体化、可操作化"的教学目标。

本教材与东华大学朱辉教授等主编的《画法几何与工程制图》（第六版）为"双胞"系列教材，本教材主要是面向非机械类各专业的工程制图教学使用，相比机械专业而言，非机械类工程制图的教学面临学时少、实践环节薄弱等不利因素，因此，学生在选用本教材时应首先掌握工程图学的基础理论——正投影法，正投影法是用二维图形表达三维实体几何形状的基本原理和基本方法，理解多面正投影的投影规律以及基本体、组合体的图示特点，领会"长对正、高平齐、宽相等"的图样表达精髓，是工程图学的理论基础。其次，掌握工程图学的思维方式——形象思维和抽象思维相结合，在绘制三维实体的视图时，对三维实体的观察不应停留在感性认识，而应通过构形分析，对三维实体进行几何抽象和重组，变复杂几何体为简单几何体的集合，使绘图的思维有条不紊，从而准确、快速地完成绘图工作。最后，一定要重视动手实践，通过完成一定数量的手工作业是巩固工程图学基础理论和掌握绘图、识图方法的基本保证；掌握计算机软件的操作同样需要一定数量的上机训练。因此，对课后作业、上机练习都应高度重视，认真、按时、优质地完成必要的手工绘图作业与上机练习内容。

本次再版得到了第一版、第二版作者王晓红副教授的细心审阅和全程支持，并提出了许多富有价值的宝贵意见和建议，同时也得到了东华大学朱辉教授、王继成教授的指导，谨在此表示衷心的感谢！此外，在教材的编写、出版过程中，得到了东华大学教务处、东华大学出版社、东华大学机械工程学院等诸位领导的关心和支持，在使用过程中也得到了师生们对内容再版的热心反馈和提出真知灼见的修改建议，在此一并表示诚挚的谢意！

全体编者诚挚希望广大读者和同行对本书继续予以关心和支持，并提出宝贵的意见和建议，您们的支持和建议是本教材永葆质量的保证！

全体编者
2013 年 12 月
于东华大学松江校区

目　　录

第一章 工程图学概述

在各行各业的产品生命周期过程中，任何零件都可以抽象地看成是由许多方位不同、形状不同、大小不同的面组合成的几何体。在工程图学中，通常假设几何体是实心、不透明、有界、封闭且内部连通的三维实体。当用户从不同的视角看某个三维实体时，总有可视面和不可视面之分。

工程图样作为工程信息的载体，必须确切、唯一地反映所表达对象的原形。所以，同样是在平面上表达具有长度、宽度、高度的三维实体，工程图样所依赖的图示技法与素描、油画等视觉艺术的绘画技法不尽相同。工程图样通常用多面正投影图来表达工程对象，有时辅以轴测图。随着现代图形技术、信息技术的日益成熟，用 CAD 软件建构三维实体模型直接表达工程对象是工程图样表达的发展趋势。

第一节 正投影图

1.1 投影法及其分类

如图 1-1 所示，用一组假想的光线将△ABC 的轮廓线投射到平面 P 上，在平面 P 上得到的图形称"△ABC 的投影（图）"；平面 P 称"投影面"；光线称"投射线"。这种用投射线将物体的轮廓线向投影面投射，并在投影面得到投影的方法称"投影法"。

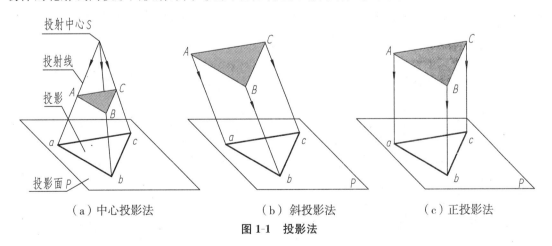

（a）中心投影法 　　　　（b）斜投影法 　　　　（c）正投影法

图 1-1　投影法

根据投射线的类型（汇交或平行），投影法可分为中心投影法和平行投影法两类。

1.1.1 中心投影法

在图 1-1(a)中，所有投射线汇交于投射中心 S，这种投影法称"中心投影法"。

用中心投影法绘制的图形称"透视图",绘画艺术正是应用中心投影法即透视原理表达画者的视觉感受。按特定规则画出的透视图显示近大远小的透视变化,具有立体感强的优点,但作图复杂且度量性差,多用于绘制效果图,如产品设计中视觉传达的广告宣传图样、建筑物的直观图等。

1.1.2 平行投影法

在图 1-1(b)、(c)中,投射线相互平行,这种投影法称"平行投影法",其中,投射线与投影面倾斜的称"斜投影法",如图 1-1(b)所示;投射线与投影面垂直的称"正投影法",如图 1-1(c)所示。

用平行投影法绘制的具有立体感的图形称"轴测投影图",图 1-1 均为轴测图。

用正投影法绘制的图形称"正投影图",简称"视图"。在绘图时,若将三维实体按自然位置放平、摆正,使其主要平面平行于投影面,就可以在投影面上得到这些平面的实形,便于手工作图。由于正投影图作图方便且具有便捷的度量性,因此,国家标准《技术制图投影法》(GB/T14692—1993)规定:绘制工程图样时,应以采用正投影法为主,以轴测投影法及透视投影法为辅。

1.2 多面正投影图

空间的任意形体均可直观体现为三维实体,但绝大多数书面表达和技术文件传输的主要媒介主要是二维平面内,如我们的书本、图纸。如何将三维实体在二维平面上正确、无歧义地表达是负有"跨国家的工程技术语言"工程图样首要解决的问题,特别是在缺乏信息化硬件条件的情况下,目前,要实现三维实体表达的"所见即所得、所绘即所表"的目的,均离不开正投影法的应用。

1.2.1 第一角画法与第三角画法

工程图样的视图投影体系有两种,一种是中国、德国、法国等国家采用的第一角画法,另一种是美国、日本、加拿大等国家采用的第三角画法。它们的主要区别是,第一角画法是将三维实体置于观察者和透明的投影面之间,如图 1-2(a)所示,而第三角画法是将透明的投影面置于观察者和三维实体之间,如图 1-2(b)所示。由于是对同一三维实体的同一方位作正投影,所以无论采用何种画法其结果必然是相同的。也就是说,所谓正投影图,即视图,

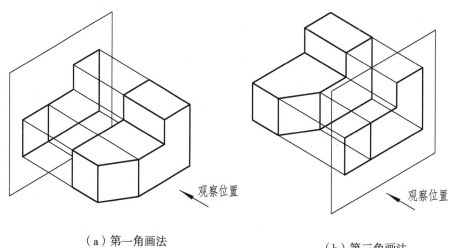

（a）第一角画法　　　　　　　　　　　（b）第三角画法

图 1-2　投影体系

可看成是观察者正对着投影面,假想用垂直于投影面的平行视线观察三维实体的结果。为方便国际间的技术交流,消除技术壁垒,全国技术制图标准化委员会在 1998 年发布的 GB/T17451 中规定:工程图样应采用正投影法绘制,并优先采用第一角画法,必要时允许使用第三角画法。

1.2.2 多面正投影图

一般情况下,三维实体的一个投影无法完整地表现与三维实体之间的一一映射关系,如图 1-3 所示,不同形状的三维实体可能有相同的投影。

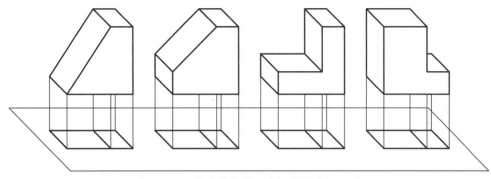

图 1-3 三维实体与其一个投影的映射关系

因此,工程上通常采用多面正投影图实现三维实体与其投影之间的一一映射关系,即假想将三维实体置于一个透明的正六面体内,如图 1-4 所示。

其中,正六面体的六个面为基本投影面,分别向六个投影面作正投影,得到三维实体前、后、左、右、上、下六个方位的六个正投影图。在国家标准中,这六个正投影图统称"基本视图"。六个基本视图的名称及其对应的投射方向如表 1-1 所示。

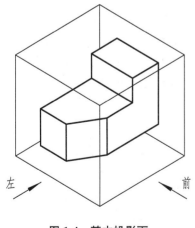

图 1-4 基本投影面

表 1-1 基本视图的名称及其对应的投射方向

视图名称	投射方向
主视图	自前方投影
后视图	自后方投影
左视图	自左方投影
右视图	自右方投影
俯视图	自上方投影
仰视图	自下方投影

为使六个基本视图有规则地配置在同一图面上,以主视图为基准,将其他视图所在的投影面分别旋转展开至同一平面内。图 1-5 为六个基本视图在第一角画法中的展开方法。

图 1-6 为第一角画法六个基本视图的配置位置。绘图时,若按规定的位置配置各基本视图,则可以省略各个视图的名称。

一个基本视图能表达三维实体一个方位的形状、两个方向的尺寸，六个基本视图所反映的信息有一定的重叠。所以，在对三维实体进行绘图表达时，应根据"完整、清晰、简便"的原则，依照三维实体的形状特点及复杂程度，选择若干个基本视图。在第一角画法中，最为常用的是主视图、左视图和俯视图。其中，如图1-6所示，主视图反映了实体上下、左右位置关系，即反映了实体的高度和长度；俯视图反映了实体左右、前后位置关系，即反映了实体的长度和宽度；左视图反映了实体上下、前后位置关系，即反映了实体的高度和宽度。

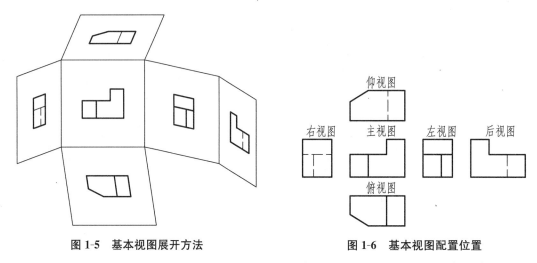

图1-5　基本视图展开方法　　　　　　图1-6　基本视图配置位置

第二节　轴测投影图

2.1　轴测投影图

　　轴测投影图简称"轴测图"。如图1-7所示，轴测图是将三维实体连同其参考直角坐标系，沿不平行于任一坐标面的方向，用平行投影法将其投射在单一投影面上所得的图形。轴测图能同时反映三维实体三个方向上的表面形状，具有立体感强、形象直观的优点，缺点是手工作图较为复杂。一般用于表达形体的立体效果，如教科书中的插图。

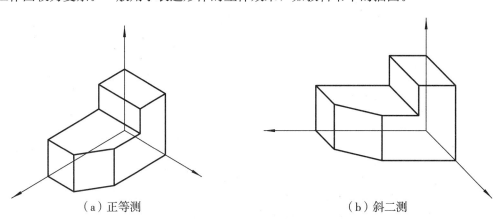

（a）正等测　　　　　　　　　　　（b）斜二测

图1-7　正等测与斜二测

轴测图有正轴测图与斜轴测图之分，用正投影法得到的轴测图形称"正轴测图"，用斜投影法得到的轴测图称"斜轴测图"。根据三维实体的三根坐标轴与投影面夹角的不同，轴测图又分为正（斜）等轴测图，简称正（斜）等测，正（斜）二测轴测图，简称正（斜）二等测。其中，正等测如图 1-7(a)所示，斜二测如图 1-7(b)所示，它们的手工作图相对比较容易，使用率较高。

2.2 轴测图的方位

由于第一、第三角画法所采用的三视图左、右视图有别，所以轴测图在第一、第三角画法中的方位定义有所不同。在第一角画法中，为了能反映三维实体左侧面的形状特征，一般将图 1-8 所示轴测图中的 A 向，定义为左视图的投影方向，如图 1-8(a)所示；但在第三角画法中，为了能反映三维实体右侧面的形状特征，通常将 A 向定义为主视图的投影方向，如图 1-8(b)所示。即同一轴测图在第一、第三角画法中对前、侧面的方位定义刚好相反。

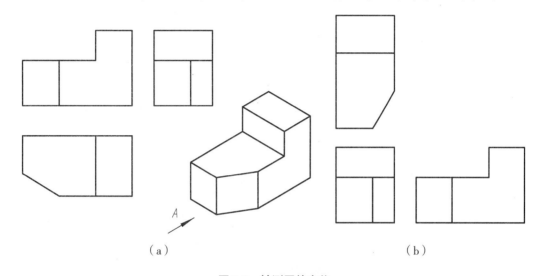

（a）　　　　　　　　　　　　　　　　　（b）

图 1-8　轴测图的方位

第三节　工程制图的相关技术标准

工程图样被公认为是工程界中的技术语言。工程图样是设计、制造与维修机器等过程中必不可少的技术资料。为了便于进行生产和技术交流，我国的国家标准对技术图样中的各项内容均作了统一的规定。国家标准（简称"国标"）的代号为"GB/Q"（GB 是"国标"两字拼音首写字母的缩写）或"GB/T"，前者表示"强制性标准"，后者表示"推荐性标准"。上述两种标准，只要是相应的国家标准化行政管理部门批准发布的标准，都是正式标准，必须严格贯彻与执行。要正确地绘制工程图样，必须遵守国家标准的各项规定。

3.1 图样的线型及其应用

国家标准《技术制图图线（GB/T17450—1998）》和《机械制图图样画法图线》（GB/T4457.4—2002)对使用于各种技术图样的线型做了规定。绘制机械图样所使用的线型见表 1-2。粗细两种线宽的比率为 2∶1，线宽 d 的尺寸系列为：0.13，0.18，0.25，0.35，0.5，0.7，1，1.4，2 mm，表 1-2 中宽度 d 为本教材推荐值，同一张图样中，同类图线的宽度应一致，不同类的图线宽度应保持相应的比例关系，如粗线的宽度为 d，细线的宽度应为 $d/2$。

各类图线中，不连续的独立部分称为线素，如点、长度不同的划和间隔。在手工绘图时，两条线相交应以划相交，不应相交在点或间隔处。当细虚线为粗实线的延长线时，细虚线与粗实线之间应留出间隔。细点画线、细双点画线的首末两端应为长划，图线较短（例如＜8 mm）时，可用细实线代替。细点画线的两端应超出所示要素的图形轮廓线 3～5 mm。

图 1-9 为上述几种图线的应用举例。其中粗实线表示该零件的可见轮廓线，细虚线表示不可见轮廓线，细实线表示尺寸线、尺寸界线及剖面线，波浪线表示断裂处的边界线及视图与剖视图的分界线，细点画线表示轴线及对称中心线，细双点画线表示假想的相邻辅助零件的轮廓线。

表 1-2　线型

名称	线型	宽度 d/mm		一般应用及线素长度
粗实线	——————	0.7	0.5	表示可见轮廓线
细实线	————————	0.35	0.25	表示尺寸线及尺寸界线、剖面线、引出线
细虚线	— — — — —			表示不可见轮廓线
细点画线	— · — · — · —			表示轴线、对称中心线
细双点画线	— · · — · · —			表示假想轮廓线
波浪线	〜〜〜〜			表示断裂处的边界线

虚线画长 12d，点画线长画长 24d，短间隔长 3d，点长 ≤ 0.5d。

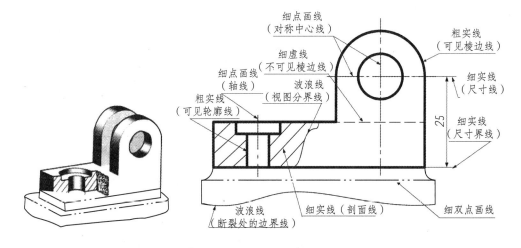

图 1-9　图样的线型及其应用

3.2　图纸幅面和标题栏

绘制技术图样时，应该优先采用表 1-3 所规定的图纸幅面及幅面尺寸。

表 1-3　图纸幅面　　　　　　　　　　　　　　　　　　　　　　　　　　　　　　mm

幅面代号	A0	A1	A2	A3	A4
B×L	841×1189	594×841	420×594	297×420	210×297
e	20			10	
c	10			5	
a	25				

图框格式分为图 1-10 所示不留装订边和图 1-11 所示预留装订边两种格式。图框线用粗实线绘制，图纸边界线用细实线绘制。

　　国家标准规定的生产上用的标题栏格式如图 1-12 所示，一般均印好在图纸上，不必自己绘制。标题栏的右边部分为名称及代号区，左下方为签字区，左上方为更改区，中间部分为其他区，包括材料标记、比例等内容。

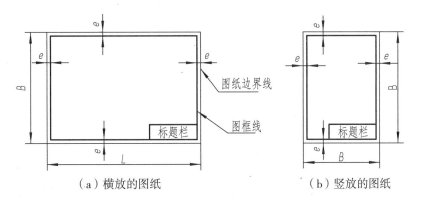

（a）横放的图纸　　　　　　　　　　　　（b）竖放的图纸

图 1-10　不留装订边的图纸

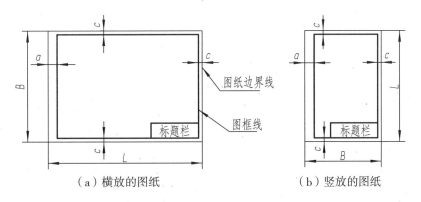

（a）横放的图纸　　　　　　　　　　　　（b）竖放的图纸

图 1-11　留装订边的图纸

图 1-12　标题栏格式

3.3 绘图的比例及字体

绘图的比例是指图中图形与其实物相应要素的线性尺寸之比。绘制图样时，一般应优先选择表 1-4 所规定的比例。

表 1-4 比例

原值比例	$1:1$
缩小比例	$(1:1.5)$，$1:2$，$(1:1.25)$，$(1:3)$，$(1:4)$，$1:5$，$1:1\times10^n$，$(1:1.5\times10^n)$，$1:2\times10^n$，$(1:3\times10^n)$，$(1:4\times10^n)$，$1:5\times10^n$
放大比例	$2:1$，$(2.5:1)$，$(4:1)$，$5:1$，$1\times10^n:1$，$2\times10^n:1$，$(4\times10^n:1)$

技术图样中的字体必须做到：字体工整，笔画清楚，间隔均匀，排列整齐。字体号数（即字体高度 h）的公称尺寸系列为 1.8，2.5，3.5，5，7，10，14，20mm。汉字高度 h 不应小于 3.5mm，其字宽一般为 $h/\sqrt{2}$。字母和数字分 A 型和 B 型。A 型字体的笔画宽度（d）为字高（h）的 1/14；B 型字体的笔画宽度（d）为字高（h）的 1/10。可书写成直体或斜体（字头向右倾斜，与水平成 75°）。

汉字示例如图 1-13 所示：

横平竖直注意起落结构均匀填满方格

图 1-13 汉字示例

字母示例如图 1-14 所示：

ABCDEFGHIJKLMNOPQRSTUVWXYZ

abcdefghijklmnopqrstuvwxyz

12345678910 I II III IV V VI VII VIII IX X

R3　2×45°　M24–6H　Φ60H7　Φ30g6

$\Phi20^{+0.021}_{0}$　$\Phi25^{-0.007}_{-0.020}$　Q235　HT200

图 1-14 字母示例

3.4 尺寸注法

图样上必须标注尺寸，以表达零件的真实大小，如图 1-15 所示。国家标准《机械制图 尺寸注法》(GB/T4458.4—2003)规定了一系列标注尺寸的基本规则和方法，绘图时必须遵守。

3.4.1 基本规则

(1)机件的真实大小应以图样上所注的尺寸数值为依据，与图样的大小及绘图的准确度无关；

(2)图样中(包括技术要求和其他说明)的尺寸，以毫米为单位时，不需标注单位符号(或名称)，如采用其他单位，则应注明相应的单位符号。

(3)机件的每一尺寸，一般只标注一次，并应标注在反映该结构最清晰的图形上。

（4）图样中所标注的尺寸，为该图样所示机件的最后完工尺寸，否则应另加说明。

3.4.2 尺寸要素

组成尺寸的要素有尺寸界线、尺寸线、尺寸箭头、尺寸数字及相关符号，如图3-6所示。

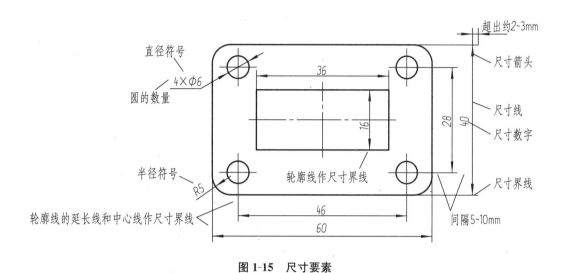

图 1-15 尺寸要素

3.4.3 尺寸注法

常用的尺寸注法见表1-5所列。

表 1-5 常用的尺寸注法

项目	图例及说明
尺寸线 终端形式	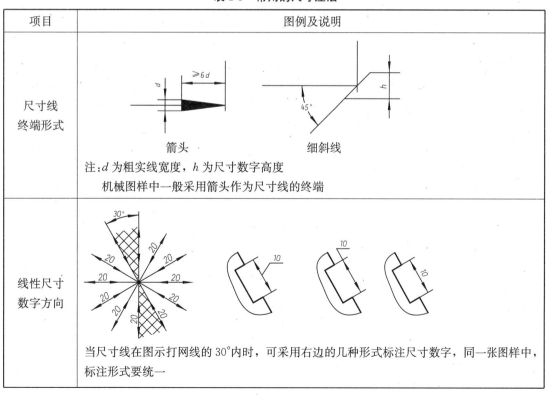 箭头　　　　　　　　　　细斜线 注:d 为粗实线宽度，h 为尺寸数字高度 机械图样中一般采用箭头作为尺寸线的终端
线性尺寸 数字方向	当尺寸线在图示打网线的30°内时，可采用右边的几种形式标注尺寸数字，同一张图样中，标注形式要统一

（续表）

项目	图例及说明
圆及圆弧尺寸	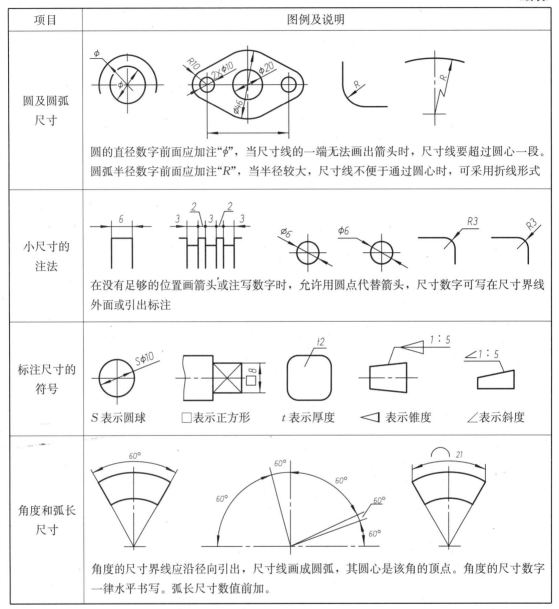 圆的直径数字前面应加注"φ"，当尺寸线的一端无法画出箭头时，尺寸线要超过圆心一段。圆弧半径数字前面应加注"R"，当半径较大，尺寸线不便于通过圆心时，可采用折线形式
小尺寸的注法	在没有足够的位置画箭头或注写数字时，允许用圆点代替箭头，尺寸数字可写在尺寸界线外面或引出标注
标注尺寸的符号	S 表示圆球　□表示正方形　t 表示厚度　◁ 表示锥度　∠表示斜度
角度和弧长尺寸	角度的尺寸界线应沿径向引出，尺寸线画成圆弧，其圆心是该角的顶点。角度的尺寸数字一律水平书写。弧长尺寸数值前加。

第四节　平面图形的绘制

正投影图是由直线或曲线构成的线框图，它们是三维实体表面轮廓线的投影集合，而三维实体的建模过程实际是针对一个二维的平面图形对象，通过特征建模的方法转化为三维实体。所以，平面几何作图对正投影图和特征建模同样重要。要快速、准确地绘制平面图形，必须掌握正确的绘图方法。

4.1　平面图形的尺寸分析

平面图形的作图步骤与其尺寸标注密切相关。平面图形上所标注的尺寸，根据其作用可分为定形尺寸和定位尺寸两类。

(1)定形尺寸 确定平面图形中线段的长度、圆弧的半径或圆的直径以及角度大小的尺寸称"定形尺寸",如图1-16(a)中的长度16、半径R6,直径Φ20等尺寸。

(2)定位尺寸 确定平面图形中各段图线间相对位置的尺寸称"定位尺寸"。如图1-16(a)中R6的圆心位置可由尺寸80-6在中心线上确定、R52的圆心在与中心线相距52-26/2的平行线上,因此尺寸80、Φ26为定位尺寸。

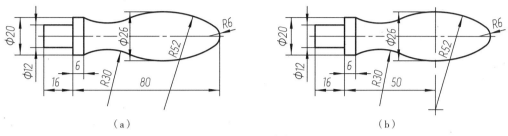

（a） （b）

图1-16 尺寸分析

4.2 平面图形的线段分析

平面图形中的各段图线,根据其所注尺寸的具体情况可分为已知线段、中间线段和连接线段。

(1)已知线段 根据所注的定形尺寸和定位尺寸,可以直接绘出的线段称"已知线段",如图1-16(a)中长度为16的直线、半径为R6的圆弧等。

(2)中间线段 定形尺寸或定位尺寸不齐全,需要根据它与相邻线段的连接关系绘出的线段称"中间线段"。如图1-16(a)中的R52圆弧,它的定位尺寸不全,需由它与R6圆弧相切的条件补足。

(3)连接线段 只有定形尺寸、没有定位尺寸,两端都要根据它与相邻线段的连接关系绘出的线段称"连接线段"。如图1-16(a)中的R30圆弧,一端与Φ20直线的端点相连,另一端与R52圆弧相切。

手工绘制平面图形的作图步骤为:先画已知线段,再画中间线段,最后画连接线段。图1-16(a)的具体作图步骤如图1-17所示。

同一平面图形的尺寸注法不同,画图的顺序也不同。如图1-16(b)所示,将图1-16(a)中R6圆弧的定位尺寸80取消,改为标注R52的另一定位尺寸50,此时,R52圆弧为已知线段,R6圆弧为连接线段,虽然可以判断R6圆弧的圆心在中心线上,但具体位置须由它与两端的R52圆弧相切确定,对于这样的对称图形,将R6圆弧看成中间线段也未尝不可。

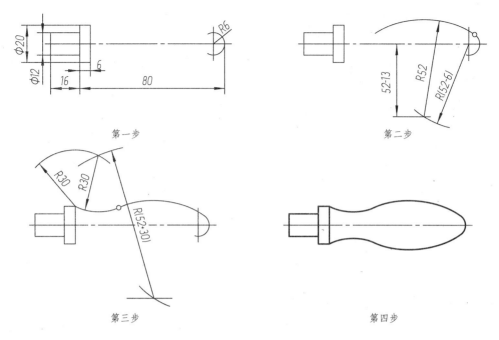

第一步　　　　　　　　　　　　　　第二步

第三步　　　　　　　　　　　　　　第四步

图 1-17　手工绘制平面图形的作图步骤

第五节　三维 CAD 建模概述

5.1　CAD 技术发展概述

　　CAD 技术起步于上世纪 50 年代后期。进入 60 年代后，CAD 技术随着在计算机屏幕上绘图成为可能而开始迅速发展。使用者希望借助此项技术来摆脱繁琐、费时和低精度的传统手工绘图。当时，CAD 技术的出发点是用传统的三视图方法来表达零件，以图纸为媒介进行技术交流，这就是二维计算机绘图技术，此时 CAD 的含义仅仅是图板的替代品，即 Computer Aided Drawing 的缩写。以二维绘图为主要目标的算法一直持续到 70 年代末期。随着技术的发展，CAD 系统介入产品设计过程的程度越来越深，系统功能越来越强，逐步发展成为真正的计算机辅助设计（Computer Aided Design）。目前，三维计算机辅助绘图的发展来源于二维 CAD 技术的发展，其核心——建模技术是 CAD 的核心技术，建模技术的研究、发展和应用，代表了 CAD 技术的研究、发展和应用水平。自 CAD 概念被提出的近 60 年间，三维 CAD 技术的发展经历了以下四个革命性的里程碑阶段。

　　阶段一：曲面造型技术与三维 CAD 系统的发展

　　20 世纪 60 年代出现的三维 CAD 系统只是极为简单的线框式系统。这种初期的线框造型系统只能表达基本的几何信息，不能有效表达几何数据间的拓扑关系。由于缺乏形体的表面信息，CAM 及 CAE 均无法实现。70 年代飞机和汽车工业的蓬勃发展给三维 CAD 带来了良好的机遇。为了解决飞机和汽车设计制造中遇到的大量自由曲面问题，法国人提出了贝赛尔算法，使得人们用计算机处理曲线及曲面问题变得可以操作，同时也使得法国的达索飞机制造公司的开发者们能在二维绘图系统 CAD/AM 的基础上，提出以表面模型为特点的自由曲面建模方法，推出了三维曲面造型系统 CATIA。CATIA 的出现标志着计算机辅助设计技术从单纯模仿工程图纸的三视图模式中解放出来，首次实现了在计算机内较完整地描述产品零件的主要信息，同时也为 CAM 技术的开发打下了基础。曲面造型系统带来了第一次 CAD 技术革命，它改变了以往只能借助油泥模型来近似表达曲面的落后的工作方式。曲面造型系统带来的技术革新，使汽车业、宇航业的开发手段有了质的飞跃，以汽车为例，新车型开发周期由原来的 6 年缩短到约 3 年。汽车工业对 CAD 系统的大量采用，反过来也大大促进了 CAD 技术本身的发展。

阶段二：实体造型技术与三维 CAD 系统的发展

20 世纪 80 年代初，CAD 系统价格依然令一般企业望而却步，这使得 CAD 技术无法拥有更广阔的市场。为使自己的产品更具特色，在有限的市场中获得更大的份额，以 CV、SDRC 和 UG 为代表的系统开始朝各自的发展方向前进。CAE 和 CAM 技术也有了较大发展。表面模型使 CAM 问题基本得到解决。但由于表面模型技术只能表达形体的表面信息，难以准确表达零件的其它特性，如质量、重心和惯性矩等，对 CAE 十分不利。在当时美国星球大战计划的背景下，为降低巨大的太空实验费用，许多专用分析模块得到开发。基于对 CAD/CAE 一体化技术发展的探索，SDRC 公司于 1979 年发布了世界上第一个完全基于实体造型技术的大型 CAD/CAE 软件——I-DEAS。实体造型技术能够精确地表达零件的全部属性，有助于统一 CAD、CAE 和 CAM 的模型表达，给设计带来了方便，代表着同时代 CAD 技术的发展方向，被业界认同为 CAD 技术的第二次革命。但实体造型技术在带来了算法的改进和未来发展希望的同时，也带来了数据计算量的极度膨胀。在当时的计算机硬件条件下，实体造型的计算及显示速度很慢，离实际应用还有较大的差距。另外，面对算法和系统效率的矛盾，许多赞成采用实体造型技术的公司并没有下大力气进行开发，而是转向攻克相对容易实现的表面模型技术。在此后的 10 年里，随着硬件性能的提高，实体造型技术又逐渐为众多 CAD 系统所采用。

阶段三：参数化技术与三维 CAD 系统的发展

进入 20 世纪 80 年代中期，CV 公司提出了一种比无约束自由造型更加新颖的算法——"参数化实体造型方法"。这种方法的最大优点是：基于特征、全尺寸约束、全数据相关和尺寸驱动设计修改。由于在参数化技术发展初期，很多技术难点有待于攻克，又因为参数化技术的核心算法与以往的系统有本质差别，采用参数化技术，必须将全部软件重新改写，因而需要大量的开发工作量和投资。同时，由于同时代 CAD 技术应用的重点是自由曲面需求量非常大的航空和汽车工业，参数化技术还不能提供解决自由曲面问题的有效工具，所以这项技术当时被 CV 公司所否决。参数技术公司(Parametric Technology Corp.，PTC)就在这样的环境下应运而生。PTC 公司推出的 Pro/E 是世界上第一个采用参数化技术的 CAD 软件，它第一次实现了尺寸驱动的零件设计。80 年代末，计算机技术迅猛发展，硬件成本大幅度下降，很多中小型企业也开始有能力使用 CAD 技术。处于中低档的 Pro/E 软件获得了发展机遇，它符合众多中小型企业 CAD 的需求，从而获得了巨大的成功。进入 90 年代后，参数化技术变得越来越成熟，充分体现出其在许多通用件、一般零部件设计时的简便易行等方面的优势。

阶段四：变量化技术与三维 CAD 系统的发展

变量化技术与三维 CAD 系统的通常采用并行求解的策略，通过同时求解一组约束方程来确定产品的形状和尺寸，此外它与前三种 CAD 技术最大的不同就在于其所建立的几何约束和工程约束可以联立整体求解，因此功能更为强大。因此上世纪 90 年代初，SDRC 公司的开发人员以参数化技术为蓝本，提出了"变量化技术"的三维 CAD 体系结构的 I-DEAS Master Series。

目前，三维 CAD 技术正蓬勃发展，并涌现了许多非常优秀的软件，如 UG NX、PRO/E、CATIA、SolidWorks、SolidEdge、CAXA 等等，其改变了传统二维(计算机)绘图思想和方法，是计算机绘图技术乃至 CAD/CAM/CAE 整体技术的提高。工程图样作为工程信息的载体，必须确切、惟一地反映所表达对象的原形，工程图样所依赖的图示技法与素描、油画等视觉艺术的绘画法则不尽相同，随着现代图形技术的日益成熟，工程图样的发展趋势是用 CAD/CAM 软件建构三维实体模型。

5.2　CAD 建模原理概述

三维实体可抽象为方位不同的面的集合，有限面的并集构成体，体的边界面构成体表面，两个邻接边界面的交集构成边轮廓线，三个邻接边界面的交集构成顶点。建模实际是在计算机内部用点、线、面和体的数据及数据关联描述三维实体，我们在显示工具上看到的是三维实体模型的数字图像。在计算机内部，点由其坐标值确定，线由其数学公式定义，面由它们的表达式描述，有限面的并集内点的集合即为体素。由于三维实体模型是在三维坐标系中定义的数学模型，所以，通过数据变换，既可以得到某一基本视图，又可以得到轴测图，还可以从任意的方位观测模型。描述点、线、面、体几何特征的信息称"几何信息"；描述点、线、面、体之间连接关系的信息称"拓扑信息"，三维实体的形状特征由其几何/拓扑信息唯一确定。根据描述方法的不同，三维实体模型可分为线框模型、曲面模型和实体模型。目前，三维实体在计算机内常用线框、曲面和实体三种模型来表示。

线框模型是计算机图形学领域中最早用来表示形体的模型，至今仍然在广泛应用。其特点是结构简单，易于理解，又是表面和实体模型的基础。线框模型是用顶点和边来表示形体。对平面立体来说，用线框模型表示是很自然的，因图形显示的内容主要是棱边。但对曲面体，如圆柱体，圆锥体等用线框模型表示存在一定问题。由于线框模型给出的不是连续的几何信息，因而不能表示随视线方向变化的轮廓线，也不能明确地定义点与形体之间的关系。因此，计算机图形学的许多问题不能用线框模型处理，如剖面(视)图、消隐和明暗处理。线框模型的优点是信息量少，对计算机硬件要求低。

曲面模型把线框模型中的棱线包含的区域定义为面，并且按线的连接是有序的，这样所形成的模型就是表面(surface)模型。其数据结构是在线框模型数据结构的基础上再加一个面表及相应的表面特征等内容。以满足面面求交，消除隐藏线或面、明暗处理等应用问题的需要。但在此模型中，形体究竟在表面的哪一侧，没有给出明确的定义。曲面模型主要适用于不能用简单数学模型进行描述的物体，如飞机、汽车的外形，动画制作大多也采用曲面模型。

实体模型主要是在表面模型的基础上进一步明确定义了表面哪一侧存在实体。通常采用以下三种方法定义：给出表面及实体存在一侧的一个点；在表面取一法矢使其指向实体存在的一例；是用有向棱边隐含地表示表面的法矢，以右手法则的指向作为实体存在的一侧。其中大多数三维实体建模软件采用第三种方法来定义实体模型的数据结构，只要把每个面顶点号有序地排列起来即可(从外看顶点排列是顺时针方向)，或将边按顺时针方向取向。实体模型和表面模型的主要区别就是定义了表面外环的棱边方向。实体模型用体的几何/拓扑信息描述模型，模型的外观与线框模型、曲面模型几乎一样，区别在于实体模型可以确定其物质特性。构造实体模型的常用方法有轮廓扫描法和基本体素引用法。由一个(或一组)平面图形沿一条(或一组)空间参数曲线作扫描运动从而生成实体模型的方法称"轮廓扫描法"；先创建棱柱、棱锥、圆柱、圆锥、球体等基本体素，然后通过并、交、差集合运算生成较为复杂实体模型的方法称"基本体素引用法"。

5.3 SolidWorks 三维参数化建模基本流程

SolidWorks 软件是世界上第一个基于 Windows 开发的三维 CAD 系统，其基于参数驱动的建模功能非常简洁，且易学易用，这使得 SolidWorks 在上世纪末迅速成为领先的、主流的三维 CAD 解决方案。

应用 SolidWorks 软件进行三维实体建模首先在某一基准面上进行草图绘制，系统采用参数化法生成草图，SolidWorks 系统对草图还有一基本要求，即完整、正确地描述了几何/尺寸关系的草图称"完全定义的草图"。如果草图未完全定义，依据特征建模后若要修改尺寸，草图几何或尺寸关系的不确定可能造成无效构形，不当操作也许带来这样一些麻烦：死机、未保存的数据丢失。因此，SolidWorks 系统能够自动检测草图是否完全定义：草图完全定义，图线为黑色；欠定义，为蓝色；过定义，为红色；无解，为粉红色；无效：为黄色。完全定义的草图一般应是一个单一闭环的轮廓线，应绝对避免图线相互交叉，图线相互交叉的草图将无法生成三维实体。

在完成草图的定义后，可以利用 Solidworks 系统中"拉伸"、"旋转"、"扫描"、"放样"等特征指令创建基体模型，如图 1-18 所示：

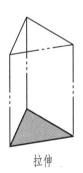 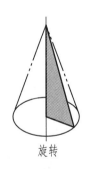  

拉伸　　　　　　旋转　　　　　　扫描　　　　　　放样

图 1-18 特征建模

然后在此基础上，根据被建模对象的特征，不断更换作图基准面，以二维轮廓为架构，反复做特征的并、交、差集合运算生成复杂的零件模型，并通过"倒角"、"圆角"、"螺纹孔"等特征操作，对零件模型进行局部修改，最终形成三维实体模型的构建。

当前，绝大多数 CAD 软件都具备便捷、简单的实体建模的功能，其大都将用于建模的特征集统一封装在特征工具库中，并设计成图标和窗口形式。用户只需了解每一特征的含义和用法，不需深入了解图形软件包的内部结构就能完成三维实体的建模工作，这对依据三维造型而进行的后续计算机辅助工程分析，如产品内部结构设计、产品机械动作分析、运动学分析、动力学分析提供了便捷，使几何设计数据与制造数据相关联，易于满足 CAD/CAM 集成的需要。

第二章　点、直线、平面的投影

形状和色彩是"图"最主要的视觉特征。形状特征突出、色彩特征简单的"图"称"图形"；色彩特征突出，形状特征隐藏于色彩特征之中的"图"称"图像"。显然，投影图属于图形。正投影图是三维实体表面轮廓线的投影集合，点、直线、平面是构成三维实体表面轮廓线的基本几何元素，点、直线、平面的投影是三维实体投影的基础。

第一节　点的投影

1.1　点的投影

如图 2-1a 所示，在由 H、V、W 面组成的三面正投影体系中，求空间点 A 在 H、V、W 面上的投影，就是过点 A 分别作垂直于 H、V、W 面的投射线，得到垂足 a、a'、a''，分别称"点 A 的水平投影"、"点 A 的正面投影"、"点 A 的侧面投影"。用大写字母表示空间点，用相应的小写字母、小写字母加一撇、小写字母加两撇分别表示该点在 H、V、W 面上的投影。

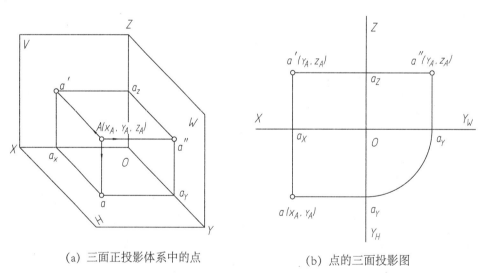

(a) 三面正投影体系中的点　　　　(b) 点的三面投影图

图 2-1　点的投影

在三面正投影体系中，水平放置的 H 面称"水平投影面"，正立放置的 V 面称"正立投影面"，侧立放置的 W 面称"侧立投影面"；相互垂直的三投影面交集称"投影轴"：$H \cap V = OX$，$H \cap W = OY$，$V \cap W = OZ$。以 OX、OY、OZ 为坐标轴建立三维坐标系，点 A 的空间位置可用该点的三个坐标值(x_A，y_A，z_A)描述。由图 2-1a 可知，x_A 等于点 A 到 W 面的距离 Aa''，y_A 等于点 A 到 V 面的距离 Aa'，z_A 等于点 A 到 H 面的距离 Aa。

令 V 面不动，H 面绕 OX 轴向下旋转 $90°$ 与 V 面重合，W 面绕 OZ 轴向右旋转 $90°$ 与 V 面重合，去掉投影面的边框，得到如图 2-1(b)所示的点 A 的三面投影图。在投影图上，OY 轴被一分为二，随 H 面旋转至 OZ 轴负方向的称"OY_H 轴"，随 W 面旋转至 OX 轴负方向的称"OY_W 轴"。点 A 的三面投影与其空间坐标的关系如下：点 A 的水平投影 a 由 x_A、y_A 两坐标值确定、点 A 的正面投影 a' 由 x_A、z_A 两坐标值确定、点 A 的侧面投影 a'' 由 y_A、z_A 两坐标值确定。

综上所述，可得出三面正投影体系中点的投影规律：

(1)点的正面投影与水平投影的连线垂直于 OX 轴；点的正面投影与侧面投影的连线垂直于 OZ 轴。即 $a'a \perp OX$；$a'a'' \perp OZ$；

(2)点的水平投影到 OX 轴的距离与点的侧面投影到 OZ 轴的距离相等。即 $aa_X = a''a_Z = Aa' = y_A$。

【例1】已知点 A 的两面投影 a'、a''，求作点 A 的第三面投影 a。

解：如图 2-2 所示，由点的投影规律可知，$a'a \perp OX$，$aa_X = a''a_Z$，故过 a' 作垂直于 OX 的投影连线 $a'a$，交 OX 于 a_X，在 $a'a$ 上量取 $aa_X = a''a_Z$，即可得到点 A 的第三面投影 a。

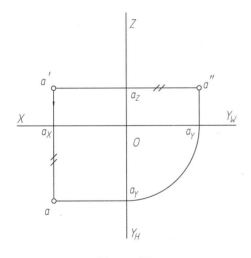

图 2-2 例 1

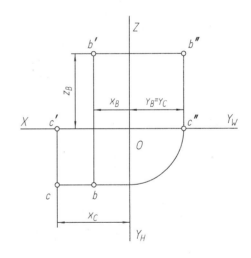

图 2-3 例 2

【例2】已知点 B 的坐标(10，15，20)，点 C 的坐标(20，15，0)，求作 B、C 点的投影图(国标规定，图样中的尺寸应以 mm 为单位且单位代号省略)。

解：根据点的投影规律作图，如图 2-3 所示。

点 B 的投影：自 O 点向左在 $x_B = 10$ 处作垂直于 OX 的投影连线 $b'b$，在 $b'b$ 上自 OX 向上量取 $z_B = 20$ 得 b'，自 OX 向下量取 $y_B = 15$ 得 b，过 b' 作垂直于 OZ 的投影连线 $b'b''$，在 $b'b''$ 上自 OZ 向右量取 $y_B = 15$ 得 b''。

点 C 的投影：由于 $z_C = 0$，点 C 在 H 面上，因此 c'、c'' 分别在 OX、OY_W 轴上。在 OX 上量取 $x_C = 20$ 得 c'，在 OY_W 上量取 $y_C = 15$ 得 c''，点 C 在 H 面上的投影 c 与空间点 C 重合。

1.2　两点的相对位置

两点的相对位置是指空间两点的左右、前后、上下位置关系。

两点的左、右位置定义为离 W 面愈远愈左。两点的左、右位置可由两点的 X 坐标差确定，当 $x_A > x_B$ 时，点 A 在点 B 的左方；当 $x_A < x_B$ 时，点 A 在点 B 的右方。两点的左、右位置也可由两点的正面或水平投影直观判断，在 V 面上，离 OZ 轴愈远愈左；在 H 面上，离 OY_H 轴愈远愈左。

两点的前、后位置定义为离 V 面愈远愈前。两点的前、后位置可由两点的 Y 坐标差确定，当 $y_A > y_B$ 时，点 A 在点 B 的前方；当 $y_A < y_B$ 时，点 A 在点 B 的后方。两点的前、后位置也可由两点的水平或侧面投影直观判断，在 H 面上，离 OX 轴愈远愈前；在 W 面上，离 OZ 轴愈远愈前。

两点的上、下位置定义为离 H 面愈远愈上。两点的上、下位置可由两点的 Z 坐标差确定，当 $z_A > z_B$ 时，点 A 在点 B 的上方；当 $z_A < z_B$ 时，点 A 在点 B 的下方。两点的上、下位置也可由两点的正面或侧面投影直观判断，在 V 面上，离 OX 轴愈远愈上；在 W 面上，离 OY_W 轴愈远愈上。

由两点的左右、前后、上下位置定义可知，其水平投影反映两点的左右、前后位置，其正面投影反映两点的左右、上下位置，其侧面投影反映两点的前后、上下位置。在投影图上，两点的左右、上下位置与我们平时约定俗成的视觉感受一致，直观判断较为容易，但两点的前后位置直观判断相对复杂，在 H 面上，下方为前；在 W 面上，右方为前。

由此，我们可以判断例 2 中 B、C 点的相对位置：B 点在 C 点的右 10、上 20 处，前后没有位差。

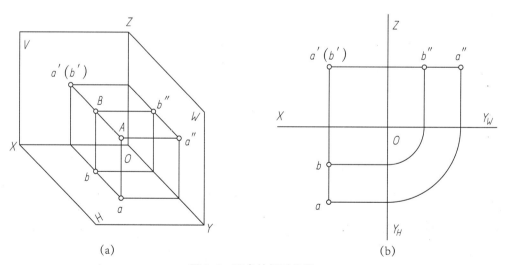

(a)　　　　　　　　　　　　(b)

图 2-4　两点的相对位置

如图 2-4 所示，点 A 在点 B 的正前方，左右、上下都没有位差。由于 A、B 两点位于垂直于 V 面的同一投射线上，所以 A、B 两点的正面投影重合。若空间两点的某个同面投影重合，则称此两点为对该投影面的重影点。在投影图上，可按"左遮右、前遮后、上遮下"来判断重影点的可见性，投影不可见的点用加括号表示。

第二节 直线的投影

2.1 直线的投影

直线的投影可由直线上任意两点的投影确定。如图 2-5 所示，直线 AB 与 H、V、W 面的夹角分别为 α、β、γ，求直线 AB 在 H、V、W 面上的投影，可先求 A、B 两端点在 H、V、W 面上的投影 $(a，a'，a'')$、$(b，b'，b'')$，用粗实线分别连接 ab、$a'b'$、$a''b''$，即得到直线 AB 在 H、V、W 面上的投影 $(ab，a'b'，a''b'')$。

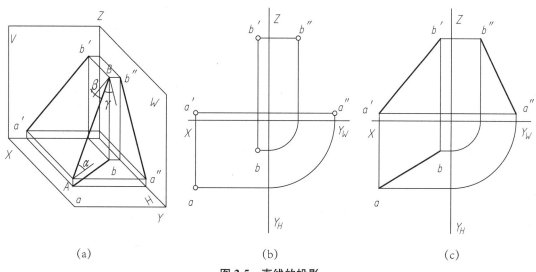

| (a) | (b) | (c) |

图 2-5 直线的投影

与 H、V、W 面皆倾斜的直线称"一般位置直线"，如图 2-5 所示直线 AB 即为一般位置直线。直线 AB 实长与投影长度的关系式为：$ab = AB_{\cos\alpha}$，$a'b' = AB_{\cos\beta}$，$a''b'' = AB_{\cos\gamma}$。由此可知，一般位置直线在 H、V、W 面的投影仍为直线，但均小于实长。

2.2 特殊位置直线的投影特性

投影面平行线和投影面垂直线统称"特殊位置直线"。

(1)投影面平行线

平行于某一投影面而与另两个投影面倾斜的直线称"投影面平行线"。投影面平行线的投影特性见表 2-1 所示。

(2)投影面垂直线

垂直于某一投影面而与另两个投影面平行的直线称"投影面垂直线"。投影面垂直线的投影特性如表 2-2 所示。

表 2-1　投影面平行线的投影特性

名称	水平线($AB//H$)	正平线($AB//V$)	侧平线($AB//W$)
立体图			
投影图			
投影特性	1. $ab=AB$ 2. $a'b'//0X$ $a''b''//0y$	1. $ab=AB$ 2. $a'b'//0X$ $a''b''//0z$	1. $ab=AB$ 2. $a'b'//0y$ $a''b''//0z$

表 2-2 投影面垂直线的投影特性

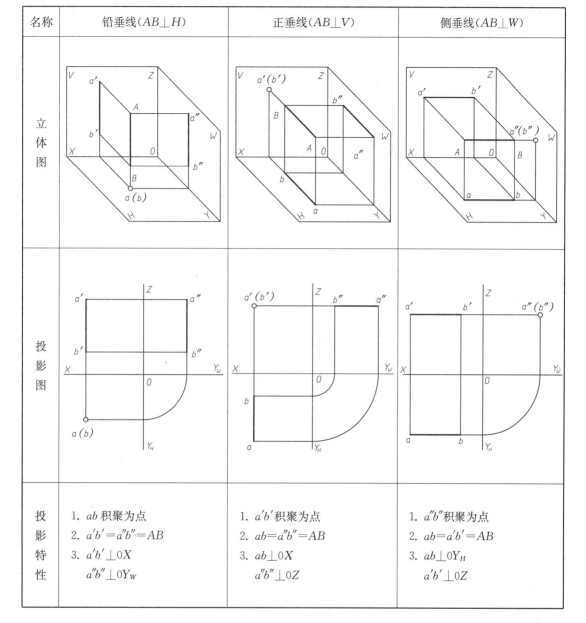

名称	铅垂线($AB\perp H$)	正垂线($AB\perp V$)	侧垂线($AB\perp W$)
立体图			
投影图			
投影特性	1. ab 积聚为点 2. $a'b'=a''b''=AB$ 3. $a'b'\perp 0X$ 　$a''b''\perp 0Y_W$	1. $a'b'$ 积聚为点 2. $ab=a''b''=AB$ 3. $ab\perp 0X$ 　$a''b''\perp 0Z$	1. $a''b''$ 积聚为点 2. $ab=a'b'=AB$ 3. $ab\perp 0Y_H$ 　$a'b'\perp 0Z$

2.3 点与直线的相对位置

点与直线的相对位置关系有点在直线上、点在直线外两种。点 K 在直线 AB 上，记作 $K\in AB$，点 K 在直线 AB 外，记作 $K\in\!\!/\, AB$。若 $K\in AB$，则点 K 的各个投影必在直线 AB 的同面投影上（从属性），且保持点分线段之比不变（定比性），即：

$$k\in ab，k'\in a'b'，k''\in a''b''且$$
$$AK:KB=ak:kb=a'k':k'b'=a''k'':k''b''$$

若不能同时满足上述两个条件，则可判断 $K\notin AB$。

【例】如图 2-6a 所示，已知直线 AB 的两面投影 ab、$a'b'$ 及点 K 的一个投影 k，$K\in AB$，求作点 K 的另一投影 k'。

解：因为 $K \in AB$ ，所以 $ak:kb = a'k':k'b'$ 。如图 2-6b 所示，由 a' 任作一辅助线 a' b_0 ，在 $a'b_0$ 上量取 $a'k_0 = ak$ ，$a'b_0 = ab$ ，然后连接 b_0b' ，并过 k_0 作 $k_0k' /\!/ b_0b'$ ，$k_0k' \bigcap a'b' = k'$ 。

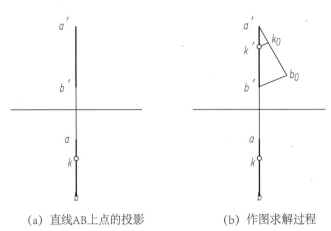

(a) 直线AB上点的投影   (b) 作图求解过程

图 2-6 例题

2.4 两直线的相对位置关系

空间两直线的相对位置关系有：平行、相交、异面。两直线平行、相交、异面的投影特性见表 2-3。

表 2-3 空间两直线的相对位置关系

关系	平行（AB//CO）	提交（AB∩CO＝K）	异面
立 体 图			
投 影 特 性	同面投影平行且具有定比性	同面投影相交，交点符合点的投影规律、且具有定比性	某两个同面投影可能平行，但不具有定比性，且第三个同面投影一定不平行

第三节 平面的投影

3.1 平面的投影

平面的投影可由限定平面的几何元素的投影确定。如图 2-7 所示，△ABC 在 H、V、W 面上的投影，可由△ABC 的边轮廓线 AB、BC、CA 的投影确定。即求△ABC 在 H、V、W 面上的投影，等同于求△ABC 的边轮廓线 AB、BC、CA 在 H、V、W 面上的投影。

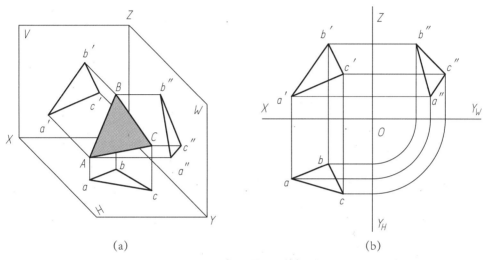

(a)   (b)

图 2-7 一般位置平面的投影

与 H、V、W 面皆倾斜的平面称"一般位置平面"，如图 2-7 所示△ABC 即为一般位置平面。显然，△ABC 在 H、V、W 面上的投影皆不能反映△ABC 的实形，而是小于实形的类似形。在投影图上，类似形的主要特点是保持任意平面图形的边数、边轮廓线间的平行关系不变（类似性）。由此可知，当任意平面图形处于一般位置时，其在 H、V、W 面的投影皆为其本身的类似形。

3.2 特殊位置平面的投影特征

投影面垂直面和投影面平行面统称"特殊位置平面"。

（1）投影面垂直面

垂直于某一投影面而与另两个投影面倾斜的平面称"投影面垂直面"。投影面垂直面的投影特性如表 2-4 所示。

表 2-4　投影面垂直面的投影特性

名称	铅垂面($\square ABCD\perp H$)	正垂面($\square ABCD\perp V$)	侧垂面($\square ABCD\perp W$)
立体图			
规影图			
投影特性	1.水平投影积聚为直线 2.另两个投影为类似形	1.正面投影积聚为直线 2.另两个投影为类似形	1.侧面投影积聚为直线 2.另两个投影为类似形

（2）投影面平行面

平行于某一投影面而与另两个投影面垂直的平面称"投影面平行面"。投影面平行面的投影特性如表 2-5 所示。

表 2-5 投影面平行面的投影特性

名称	水平面(□ABCD∥H)	正平面(□ABCD∥V)	侧平面(□ABCD∥W)
立体图	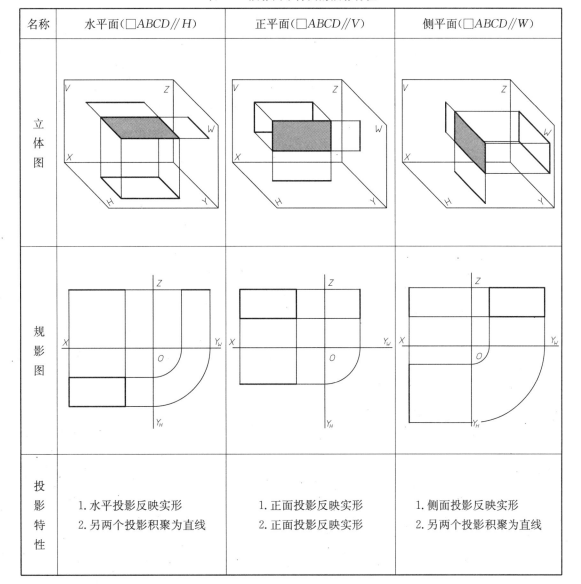		
规影图			
投影特性	1.水平投影反映实形 2.另两个投影积聚为直线	1.正面投影反映实形 2.正面投影反映实形	1.侧面投影反映实形 2.另两个投影积聚为直线

3.3 平面上的点、直线

点、直线在平面上的几何特性是：

(1)若点在平面上，则该点必在该平面的一直线上。

(2)若直线在平面上，则该直线必通过该平面的两个点，或通过该平面的一个点，且平行于该平面的另一直线。

因此，在平面上取点，要"定点先定线"；在平面上取直线，需"定线先找点"。

【例】如图 2-8a 所示，已知 $K \in \triangle ABC$，求点 K 的水平投影 k。

解：由于 $\triangle ABC$ 的边轮廓线投影已知，故可过 k' 作一辅助线 $a'k'$ 交 $b'c'$ 于 d'，然后按点与直线的从属性关系求出 $a'd'$ 的水平投影 ad，再过 k' 作 $k'k$ 垂直于 OX，$k'k \cap ad = k$，如图 2-8b 所示。

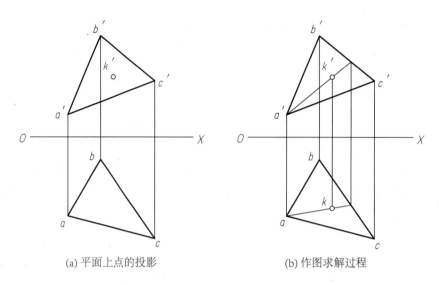

(a) 平面上点的投影　　　　(b) 作图求解过程

图 2-8　平面上点的投影

第三章　基本体的视图表达

在工程图学中，基本体通常是指棱柱、棱锥、圆柱、圆锥、圆球等简单几何体。将复杂几何体抽象为基本体的集合，是分析、解决三维实体投影问题的基本方法。因此，掌握基本体的投影是掌握三维实体投影的前提条件。

第一节　基本体的投影

棱柱、棱锥又称"平面体"。平面体的投影由其边界面的投影确定。由于平面体的边界面全部为多边形平面，而多边形平面的投影可由其边轮廓线的投影确定，所以，求平面体的投影等同于求其所有边轮廓线的投影。回转体的投影同样由其边界面的投影确定。但求回转体投影时，除了要求回转体所有边轮廓线的投影外，还要求曲面侧影轮廓线的投影。侧影轮廓线是投射线与曲面切点的集合。侧影轮廓线与投影方向有关，侧影轮廓线一般为曲面可见与不可见的分界线。

1.1　棱柱

图 3-1a 所示正五棱柱，它的两个底面处于水平面位置，一个后侧面处于正平面位置，其余四个侧面处于铅垂面位置。根据特殊位置平面的投影特性，该正五棱柱的三面投影如图 3-1b 所示。

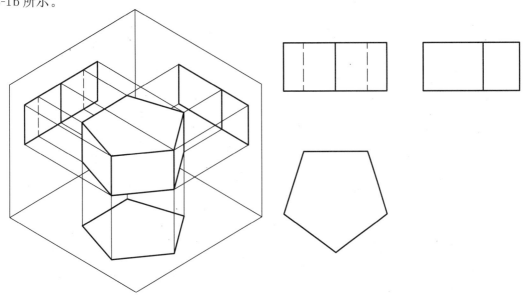

　　（a）三面正投影体系中的正五棱柱　　　　　　　　（b）正五棱柱的三面投影

图 3-1　棱柱的投影

1.2 棱锥

图 3-2(a)所示正三棱锥，它的底面处于水平面位置，一个后侧面处于侧垂面位置，其余两个侧面处于一般位置。根据平面的投影特性，该正三棱锥的三面投影如图 3-2(b)所示。

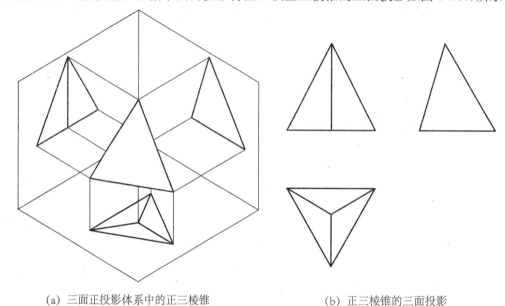

(a) 三面正投影体系中的正三棱锥   (b) 正三棱锥的三面投影

图 3-2 棱锥的投影

1.3 圆柱

图 3-3(a)所示圆柱，它的两个底面处于水平面位置，圆柱面处于铅垂面位置。因此底面的水平投影反映实形且上下底面重影，底面的另两个投影积聚为长度等于直径的直线；圆柱面的水平投影也积聚成线，与底面的边轮廓圆重合，圆柱面的另两个投影为侧影轮廓线的投影。正立投影面上的侧影轮廓线是可见的前半柱面与不可见的后半柱面的分界线；侧立投影面上的侧影轮廓线是可见的左半柱面与不可见的右半柱面的分界线，如图 3-3(b)所示。

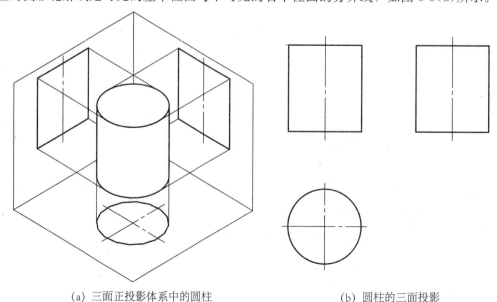

(a) 三面正投影体系中的圆柱   (b) 圆柱的三面投影

图 3-3 圆柱的投影

国家标准规定，用细点画线表示回转体旋转中心线的投影，对积聚为点的旋转中心线投影，用垂直相交的两条细点画线的交点表示，细点画线应超出轮廓线 2~5mm。

1.4　圆锥

图 3-4(a)所示圆锥，它的底面处于水平面位置，底面的水平投影反映实形，底面的另两个投影积聚为长度等于直径的直线；圆锥面的水平投影与底面的水平投影重合，圆锥面的另两个投影分别为前视侧影轮廓线和左视侧影轮廓线的投影，如图 3-4(b)所示。

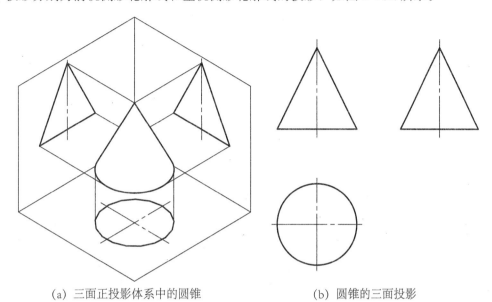

(a) 三面正投影体系中的圆锥　　　　　　(b) 圆锥的三面投影

图 3-4　圆锥的投影

1.5　圆球

图 3-5(a)所示圆球，它的三面投影为三个直径相同的圆。水平投影面上的圆为俯视侧影轮廓线的投影，正立投影面上的圆为前视侧影轮廓线的投影，侧立投影面上的圆为左视侧影轮廓线的投影，如图 3-5(b)所示。

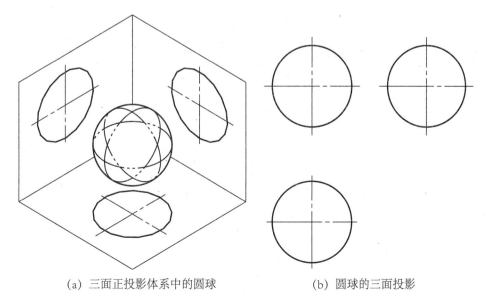

(a) 三面正投影体系中的圆球　　　　　　(b) 圆球的三面投影

图 3-5　圆球的投影

绘制体的投影时应先画出投影面平行面的投影，如棱锥、圆柱的底面。绘制这些平面的投影要从反映平面实形的投影画起，然后画出其另两个投影。画出投影面平行面的投影后，再根据体的拓扑关系，逐个画出其他边界面的投影，得到体的三面投影。由于平面体的投影由其边界平面的投影确定，所以在平面体表面上取点、线的方法与在平面上取点、线的方法相同。在回转体表面上取点，也要"定点先定线"；在回转体表面上取线，同样需"定线先找点"。但需注意的是，曲面上取点、线的方法与曲面的性质有关，应具体问题具体分析。

【例】如图 3-6(a)所示，已知圆台的三面投影，补全其表面上的点 A、B 的水平和侧面投影。

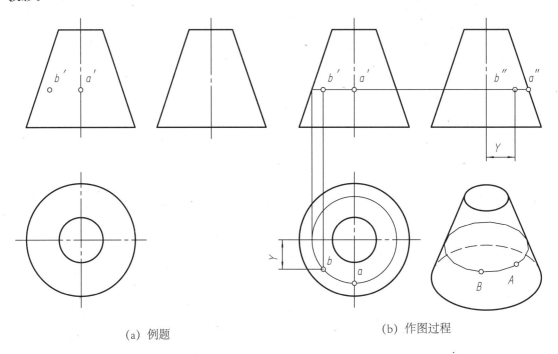

(a) 例题   (b) 作图过程

图 3-6　曲面上取点的方法

解：圆台是回转体。回转体的主要特点是垂直于其旋转中心线的截断面皆为圆。A、B两点在同一水平圆上，先求出该水平圆的水平投影，再按点的投影规律即可求出 A、B 两点的水平和侧面投影，如图 3-6(b)所示。

第二节　基本体被平面截断

图 3-7 所示的三维实体分别为五棱柱、四棱锥、圆柱被倾斜于其底面的平面截断所形成。截断基本体的平面称"截平面"；被截断的基本体称"截断基本体"；截平面与基本体的交集称"截断面"；截断面与基本体边界面的交集称"截交线"。显然，截交线为截断面的边轮廓线，截交线在基本体边界面上。

3.1　截断基本体的截交线

(1)截断平面体的截交线

如图 3-8 所示，截断平面体的截交线均为直线，截平面与平面体的 N 个边界面相交，截断面就为 N 边形，且截断面边轮廓线的端点均在平面体边界面的边轮廓线上。

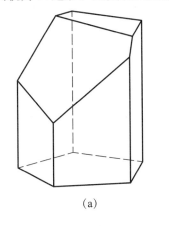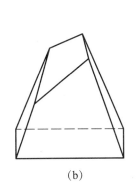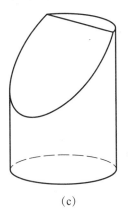

(a)　　　　　　　(b)　　　　　　　(c)

图 3-7　截断基本体

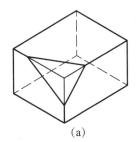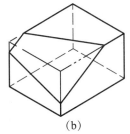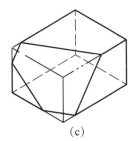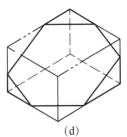

(a)　　　　　(b)　　　　　(c)　　　　　(d)

图 3-8　截断平面体的截交线

（2）截断回转体的截交线

截断回转体截交线的形状取决于回转体边界面的形状以及截平面与回转体的相对位置。截断回转体的截交线大多为性质确定的二次曲线，如表 3-1 所示截断圆柱的截交线、表 3-2 所示截断圆锥的截交线；截断圆球的截交线皆为圆，但其投影是否为圆取决于截断面与投影面的相对位置。

3.2　截断基本体的投影

求截断基本体的投影，实质是求截交线的投影。求截断平面体截交线时，应注意分析截平面与平面体哪些边界面相交，进而明确截断面边轮廓线端点的位置，求出这些端点的投影，即可求出截交线的投影。回转体截交线的形状虽然不像平面体那样简单，但可预见。故作图时要先做空间分析，即判断截平面与回转体旋转中心线的相对位置，明确截交线是直线、圆还是其他二次曲线；然后做投影分析，即判断截平面与三投影面的相对位置，明确所求截交线的投影为实形、类似形还是积聚为点、线。特别是当截交线的投影为圆时，应用圆规直接画出，切忌根据所预见的截交线形状不做投影分析直接画图。

绘制截断基本体投影的步骤，与特征建模有相似之处，也要先做完整基本体的投影，再求截交线的投影。由于截断面多为特殊位置平面，而截交线是截断面与基本体边界面的共有线，因此截交线的一个投影与截断面有积聚性的投影重影，根据此投影求截交线的另两个投影时，应将积聚为直线的截断面视为基本体边界面上的点、线，将求截交线的问题转化为求基本体表面上点、线的问题。

表 3-1　截断圆柱的截交线

截平面位置	平行于旋转中心线	垂直于旋转中心线	倾斜于旋转中心线		
截交线形状	矩形	圆	椭圆	一直线＋部分椭圆	两直线＋部分椭圆
与截平面相交的边界面	两底面＋柱面	柱面	柱面	一底面＋柱面	两底面＋柱面
立体图	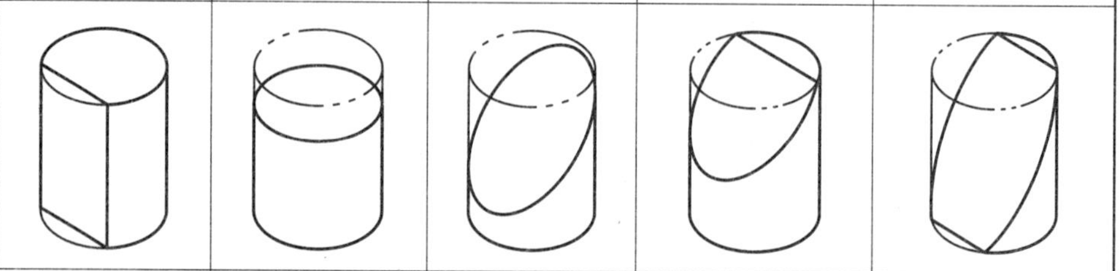				
投影图	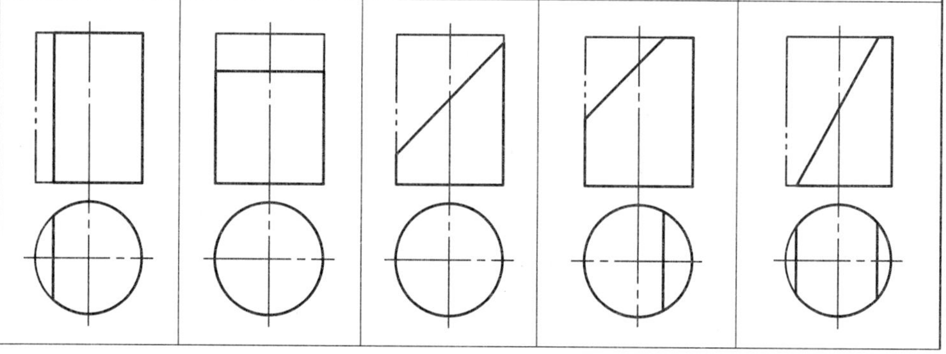				

表 3-2　截断圆锥的截交线

截平面位置	过锥顶	不过锥顶（θ 为截平面与旋转中心线的夹角）			
		$\theta=90°$	$\theta=\phi$	$\theta>\phi$	$0°<\theta<\phi$
截交线形状	一直线＋两相交直线	圆	直线＋线	圆或直线＋圆	直线＋夏曲线
与截平面相交的边界面	底面＋锥面	锥面	底面＋锥面	锥面或底面＋锥面	底面＋锥面
立体图	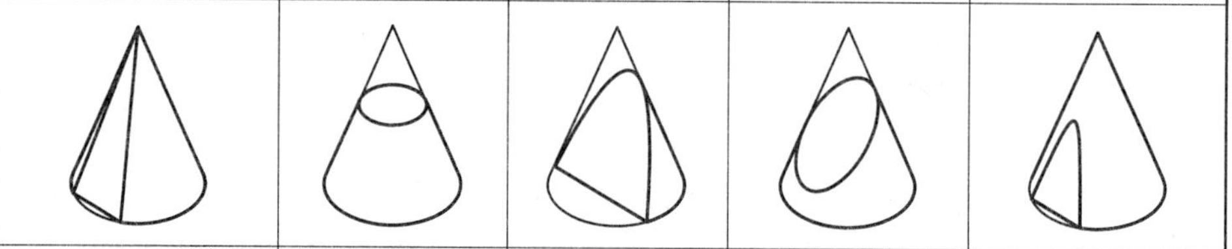				
投影图	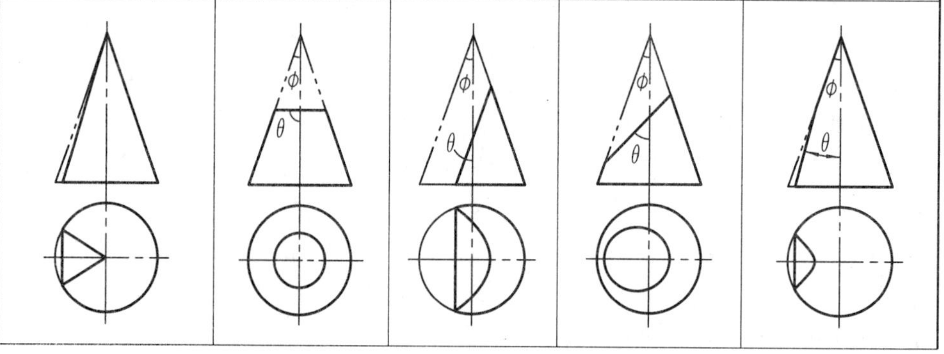				

【例1】补全图 3-9 所示截断四棱锥的投影。

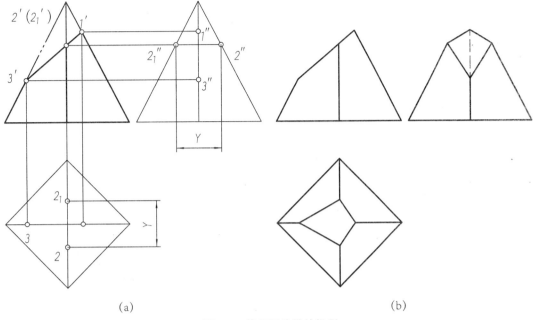

(a)   (b)

图 3-9 截断四棱锥的投影

解：（1）空间及投影分析

截断面的正面投影积聚为直线，根据其位置可判断截平面与四棱锥的四个侧面相交，故截断面为四边形，截断面的边轮廓线即为截断四棱锥的截交线。

因截断面为正垂面，故截交线的正面投影与截断面有积聚性的投影重影，截断面的另两个投影为类似形。求出截断面边轮廓线端点的水平、侧面投影并将同面投影依次连线，即可求出截断四棱锥截交线的水平、侧面投影。

（2）作图过程

用细实线画出完整四棱锥的另两面投影。在正面投影上标出积聚为直线的截断面与四棱锥侧面边轮廓线的交点 $1'$、$2'$、（$2_1'$）、$3'$，然后按点与直线的从属性关系求出它们的另两个投影，如图 3-9 所示。

将四个端点的同面投影依次连线，即可得到截交线的水平、侧面投影。完成截断四棱锥的三面投影时应注意分析其边轮廓线的可见性，用粗实线描出可见的边轮廓线，用细虚线描出不可见的边轮廓线。

【例2】补全图 3-10 所示截断圆柱的投影。

解：（1）空间及投影分析

因截平面倾斜于圆柱旋转中心线，并与左侧底面相交，故柱面的截交线为部分椭圆，左侧底面的截交线为直线。

柱面的侧面投影积聚为圆，柱面截交线的侧面投影也应积聚在该圆上，柱面截交线的水平投影仍为部分椭圆，但不反映实形；处于正垂线位置的左侧底面截交线，其侧面投影应反映实长，且直线的端点在柱面上，为椭圆与直线的共有点，其水平投影也反映实长，与积聚为直线的左侧底面重合，但其长度显然不等于直径。

（2）作图过程

先用细实线画出完整圆柱的水平、侧面投影，然后求出左侧底面截交线的侧面投影。求柱面截交线的水平投影时，首先要在正面投影上标出积聚为直线的截断面与圆柱侧影轮廓线、旋转中心线、左侧底面的交点 $1'$、$2'$、$(21')$、$3'$、$(31')$，因截交线在柱面上，故 $2'$ 与 $21'$、$3'$ 与 $31'$ 为重影点，求出Ⅰ、Ⅱ、Ⅱ₁、Ⅲ、Ⅲ₁的水平投影，再适当补充一些中间点，将这些点的水平投影用曲线依次光滑地连接起来即可得到柱面截交线的水平投影，如图 3-10 所示。

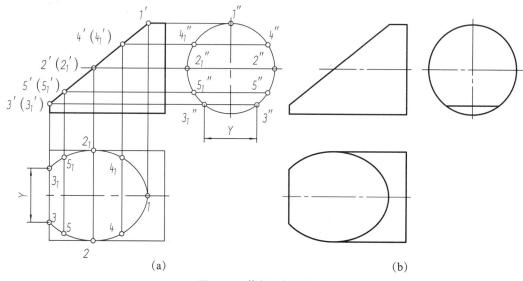

（a）　　　　　　　　　　　　　　　　（b）

图 3-10　截断圆柱的投影

在判别可见性后，用粗实线描出截断圆柱体所有轮廓线的投影，注意左侧底面的水平侧影积聚为直线，其端点为Ⅲ、Ⅲ₁，柱面水平侧影轮廓线的左端点为Ⅱ、Ⅱ₁，如图 3-10 所示。

第三节　相贯体的投影

图 3-11 所示的三维实体分别为三棱锥与四棱柱、半圆柱与四棱柱、圆锥与圆柱的集合。由两基本体集合构成的几何体称"相贯体"；两基本体边界面的交集称"相贯线"。显然，相贯线同时属于两基本体邻接的边界面；相贯线的形状取决于两基本体边界面的性质及其相对位置。建构相贯体模型时，相贯线将在特征的集合运算中自动生成。求相贯体的投影，实质是求相贯线的投影。求相贯线投影时，应注意分析参与集合构形的两基本体边界面的性质及其相对位置，明确相贯线的构成及形态。相贯线的性质不同，求相贯线投影的方法也有所不同。

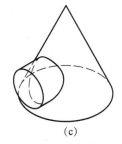

（a）　　　　　　　　　　（b）　　　　　　　　　　（c）

图 3-11　相贯体

3.1 两平面体的相贯线

相贯线为截断平面体截交线的集合，相邻两截交线的交集"贯穿点"，它们是一平面体的边轮廓线与另一平面体边界面的交点。因此，求出所有的贯穿点然后依次连线，即得相贯线。

【例1】补全图 3-12 所示三棱锥与四棱柱差集合的投影。

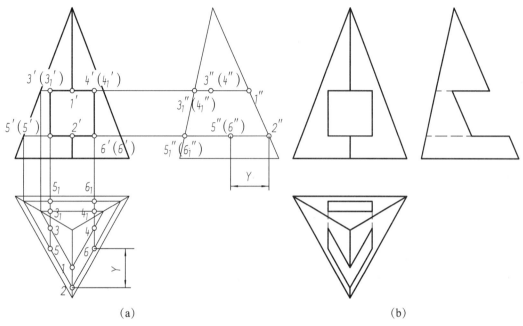

图 3-12 三棱锥与四棱柱差集合的投影

解：(a)空间及投影分析

四棱柱贯穿三棱锥的前后，产生两条相贯线。用作截平面的四棱柱边界面其正面投影积聚为四条直线，相贯线的正面投影与它们重合，故可在相贯线正面投影上确定参与集合构形两平面体的边轮廓线对边界面的贯穿点，求出这些点的另两面投影，即可得相贯线的另两面投影。

(b)作图过程

先用细实线画出完整三棱锥的另两面投影，再在正面投影上标出边轮廓线对边界面的贯穿点 1′、2′、3′…，然后按点与平面的从属性关系求出它们的另两个投影，将这些点的同面投影用直线依次连接起来，得到相贯线的水平、侧面投影，如图 3-12 所示。

分析差集合构形后三棱锥边轮廓线的变化。用粗实线描出可见边轮廓线，用细虚线描出不可见边轮廓线，完成该相贯体的三面投影，如图 3-12 所示。

3.2 基本体为平面体和回转体的相贯线

相贯线为截断回转体截交线的集合，相邻两截交线的交集是平面体的边轮廓线对回转体边界面的贯穿点。因此，求相贯线的投影可归结为求贯穿点和截断回转体截交线的问题。

【例2】补全如图 3-13 所示半圆柱与四棱柱并集合的投影。

解：(a)空间及投影分析

四棱柱从半圆柱的上方贯入，没有穿出，产生一条相贯线。与半圆柱旋转中心线平行的四棱柱两边界面与柱面的交集，为两条平行于旋转中心线的直线；与半圆柱旋转中心线垂直的四棱柱两边界面与柱面的交集，为直径等于半圆柱直径的圆弧。这四个截平面的水平投影积聚为四条直线，相贯线的水平投影与它们重合，故可在相贯线水平投影上确定四棱柱的边轮廓线对半圆柱的贯穿点，求出四个贯穿点和四段截交线的另两面投影，即可得相贯线的另两面投影。

(b)作图过程

在水平投影上标出四棱柱的边轮廓线对半圆柱的贯穿点1、2、3、4。其中，ⅠⅡ、ⅢⅣ为直线段；ⅠⅣ、ⅡⅢ为部分圆。按线与柱面的从属性关系求出它们的另两个投影，即得到相贯线的另两个投影，如图3-13所示。

分析并集合构形后柱面正面侧影轮廓线的变化。用粗实线描出该相贯体所有可见轮廓线，用细虚线描出不可见轮廓线，完成该相贯体的三面投影，如图3-13所示。

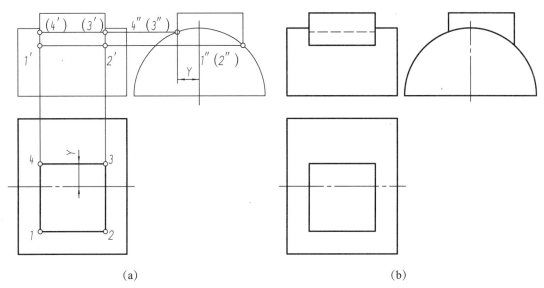

图 3-13　圆柱与四棱柱并集合的投影

3.3　参与集合构形的基本体为两回转体的相贯线

相贯线一般为封闭的空间曲线。由于相贯线是两基本体边界面的交集，因而相贯线具有表面性和共有性。表面性是指相贯线在参与集合构形的两回转体的边界面上，共有性是指相贯线为两回转体共有点的集合，所以可根据"三面共点"的原理求出若干共有点的三面投影，再将它们的同面投影用曲线依次光滑地连接起来，即得到相贯线的三面投影。

【例3】补全如图3-14所示圆柱与圆锥的并集合投影

解：(a)空间及投影分析

圆柱从圆锥的左方贯入，没有穿出，产生一条相贯线。由于圆柱的侧面投影积聚为圆，且该圆全部落在锥面的侧面投影内，根据相贯线的表面性和共有性，相贯线的侧面投影应与该圆重合。因相贯线的一个投影已知，故可将求相贯线的问题转化为求圆锥表面上点的问题，也可按"三面共点"的原理求出相贯线的投影。

(b)作图过程

在积聚为圆的圆柱侧面投影上确定圆柱正面侧影轮廓线对锥面的贯穿点 1″、2″(也是圆锥正面侧影轮廓线对柱面的贯穿点)，水平侧影轮廓线对锥面的贯穿点 3″、4″，再适当补充一些中间点 5″、6″、7″、8″，然后按点与锥面的从属性关系求出它们的另两个投影，如图 3-14 所示。

分析并集合构形后相贯体所有轮廓线对 H、V 面的可见性，用粗实线描出可见轮廓线，用细虚线描出不可见轮廓线，完成该相贯体的三面投影，如图 3-14 所示。

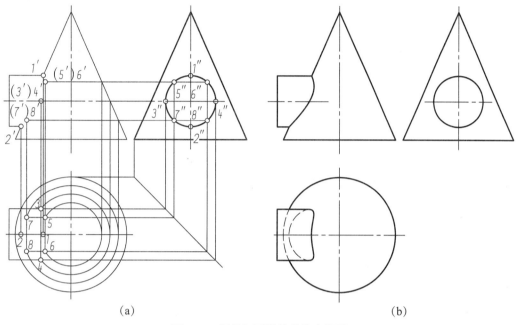

图 3-14　圆柱与圆锥的并集合投影

参与集合构形的两回转体的相贯线一般为封闭的空间曲线，两回转体边界面的形状、大小、相对位置不同，相贯线的形状也不同。在特殊情况下，两回转体的相贯线可以是平面曲线，且其某些投影可能积聚为直线，如图 3-15 所示。

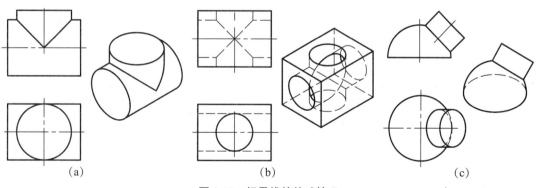

图 3-15　相贯线的特殊情况

第四章　组合体的视图表达

现实中，大多数机器零件都可以看作是由一些基本形体经过结合、切割、开槽、穿孔等方式组合在一起而形成一个具体的产品。在工程图学中，组合体通常是指由若干简单几何体经若干次并、交、差集合运算生成的复杂几何体。

第一节　组合体视图的绘制

1.1　组合体三视图

如图 4-1 所示，由基本视图的观察方位定义可知，主视图反映几何体的上、下、左、右四个方位，俯视图反映几何体的前、后、左、右四个方位，左视图反映几何体的上、下、前、后四个方位。现将左右向定义为几何体的长度，上下向定义为几何体的高度，前后向定义为几何体的宽度。

主视图与俯视图同时反映了几何体的长度，故主、俯视图在长度方向应对正；

主视图与左视图同时反映了几何体的高度，故主、左视图在高度方向应对齐；

俯视图与左视图同时反映了几何体的宽度，故俯、左视图在宽度方向应相等。

在绘制组合体的三视图时，必须严格遵守三视图的"长对正，高平齐，宽相等"的投影规律，即：主、俯视图长对正，主、左视图高平齐，俯、左视图宽相等。不仅组合体整体结构的投影要符合这个规律，组合体的局部结构也必须符合这个规律，特别是在俯、左视图上量取宽度时，不但要注意量取的起点，还要注意量取的方向。

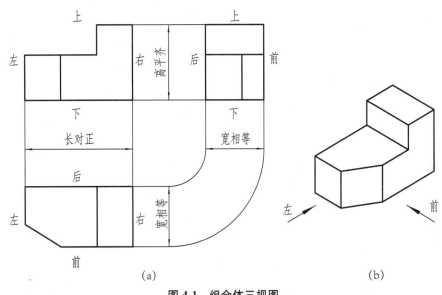

(a)　　　　　　　　　　　　(b)

图 4-1　组合体三视图

1.2 绘制组合体视图的方法和步骤

如图 4-2 所示的组合体 S，可视为由所示的六个简单几何体集合生成。

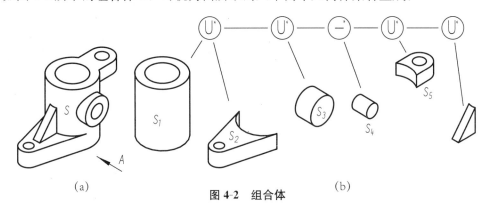

图 4-2 组合体

现以图 4-2 所示的组合体为例，说明绘制组合体视图的方法和步骤：

（1）构形分析

要准确、快速地画出组合体视图，就要对组合体进行构形分析，即分解组合体为若干简单几何体的集合，明确各简单几何体之间的相对位置以及相邻表面之间的关系。逐一画出参与组合体集合构形各简单几何体的三视图，可以将绘制复杂的组合体视图转化为绘制简单的几何体视图。

（2）确定主视图

主视图应尽量反映组合体的几何特征，组合体在投影体系中的安放位置决定其主视图的投影方向。为了便于画图和看图，组合体应按自然位置放平，尽量使其主要平面或轴线处于投影体系的特殊位置，选择结构信息量最多、不可见轮廓最少的投影方向作为主视图的投影方向。

本例选择图 4-2 中的 A 向作为主视图的投影方向。

（3）选比例，定图幅

根据组合体的大小和复杂程度，选用适当的绘图比例及图纸幅面。显然，选用 $1：1$ 的比例画图较为方便。

（4）布图，画中心线

根据图纸幅面和各视图的外廓尺寸均衡地布置各视图在图纸上的位置，画出各视图的主要中心线或定位线，如图 4-3(a) 所示。

（5）画底稿

用细线逐一画出各简单几何体三视图的底稿，如图 4-3(b)、图 4-3(c)、图 4-3(d)、图 4-3(e) 所示。画图时，应先画主体部分（如直立空心圆柱），后画依附部分（如右侧 U 形柱）；先画完整的简单几何体三视图（如完整直立空心圆柱的三视图），后画集合构形后的相贯线（如直立空心圆柱与右侧 U 形柱的相贯线）。

（6）检查、描深

先逐一检查是否正确画出了各简单几何体的三视图，再检查是否正确画出了集合构形后的相贯线，纠正错误，补充遗漏，最后按标准规定的线型描深各种图线。当几种不同线型的图线重合时，按粗实线、细虚线、细点画线、细双点画线和细实线的优先顺序取舍，比如，粗实线与细虚线重合时画粗实线。

本例完成后的三视图如图 4-3f 所示。

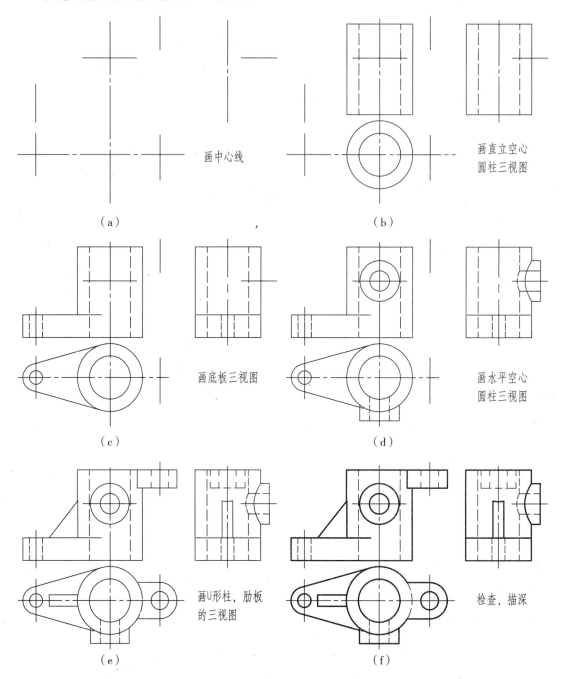

画中心线

（a）

画直立空心
圆柱三视图

（b）

画底板三视图

（c）

画水平空心
圆柱三视图

（d）

画U形柱、肋板
的三视图

（e）

检查、描深

（f）

图 4-3　绘制组合体视图的步骤

第二节　组合体的尺寸标注

视图主要用来表达组合体的形状，组合体的大小还须用尺寸加以确定。在图样上标注尺寸，应严格遵守尺寸注法的相关标准，组合体的尺寸要齐全。

所谓尺寸齐全，指根据组合体的尺寸来进行实体建模时，可以使每一特征所对应的草图完全定义，既无漏注，也无重复标注；手工绘图时，可以便于设计人员完整、准确、方便地画出组合体视图。因此，标注组合体尺寸的思路应与特征建模、绘制组合体视图的方法相一致。这意味着标注组合体尺寸应该运用构形分析的方法，逐一标注确定各简单几何体形状、大小的定形尺寸，以及确定各简单几何体相对位置的定位尺寸，同时，还要视具体情况标注组合体的总体尺寸以确定组合体的总体大小。

2.1　组合体的定形尺寸

确定参与组合体集合构形各简单几何体形状、大小的尺寸称"组合体定形尺寸"。在组合体集合构形描述中常用的四棱柱、六棱柱、四棱台、圆柱、圆台、圆球等基本体的尺寸注法如图 4-4 所示。显然，形状不同的几何体，其定形尺寸的个数可能有所不同。

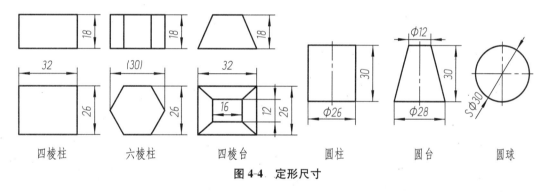

| 四棱柱 | 六棱柱 | 四棱台 | 圆柱 | 圆台 | 圆球 |

图 4-4　定形尺寸

在组合体集合构形描述中常用的简单几何体还有拉伸体，图 4-5 为一些常见拉伸体的尺寸注法。

构成图 4-2 所示组合体的各简单几何体定形尺寸注法如图 4-6 所示，其中，因水平空心圆柱的内、外柱面分别与直立空心圆柱的内、外柱面相交，故水平空心圆柱内、外柱面的长度不能直接给出。由于组合体是一个整体，所以在标注组合体定形尺寸时还应注意对组合体进行整体尺寸分析，各简单几何体的公有尺寸只需注一次，不应重复标注，例如，图 4-2 所示组合体集合构形时，S_1 与 S_2 的大圆柱面贴合(贴合是指两几何体的邻接边界面共面，但两个边界面的法矢量方向相反)，故在标注其定形尺寸时，S_2 中的尺寸 $R30$ 应省略。

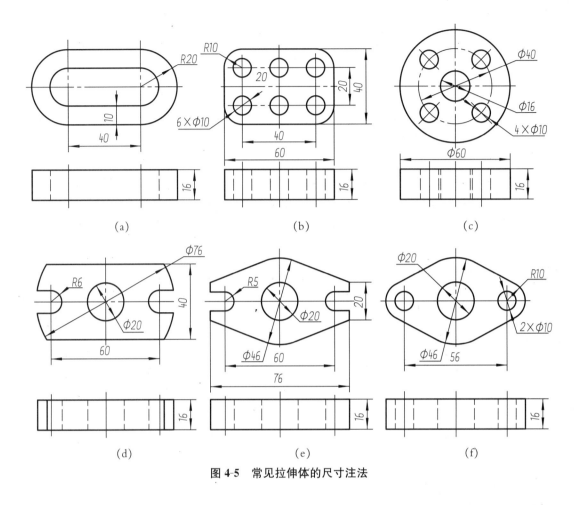

图 4-5　常见拉伸体的尺寸注法

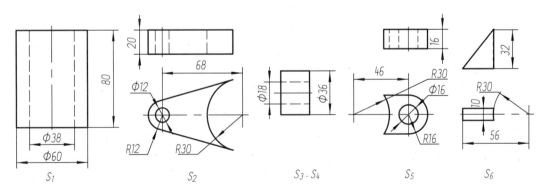

图 4-6　组合体的定形尺寸

2.2　组合体的定位尺寸

确定各简单几何体相对位置的尺寸称"组合体定位尺寸"。两几何体的相对位置是指空间两几何体的左右、前后、上下位置关系，故确定两几何体相对位置的定位尺寸个数应为三个。当两几何体的邻接边界面处于共面、贴合位置时，该方向的定位尺寸可以省略；当两回转体处于共轴线位置时，可以省略两个方向的定位尺寸。例如，图 4-2 所示组合体集合构形时，S_1 与 S_2 的底面共面、大圆柱面共轴线，故 S_1 与 S_2 的三个定位尺寸均可省略。

组合体上的截交线是基本体被平面截断后自然形成的，截平面与基本体的相对位置确定后，截交线也就完全确定。同样，组合体上的相贯线是两基本体相交后自然形成的，两基本体的相对位置确定后，相贯线也就完全确定。图 4-7 为一些常见截断基本体和相贯体的尺寸注法。

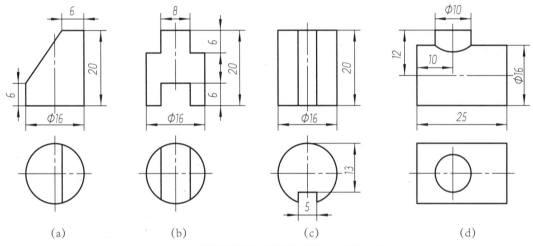

图 4-7　常见截断基本体和相贯体的定位尺寸

2.3　组合体的总体尺寸

确定组合体总长、总高、总宽的尺寸称"组合体总体尺寸"。当组合体某一方向的总体尺寸由不同平面上的两点或同一圆弧上的两点确定时，应标注该方向的总体尺寸；当组合体某一方向的总体尺寸分别由圆弧及平面上的一点或由不同圆弧上的两点确定时，不应标注该方向的总体尺寸。在标注了某一方向的总体尺寸后，有可能在该方向形成总体尺寸、定形或定位尺寸首尾串联的封闭尺寸链，为避免尺寸重复，应删去一个次要的定形或定位尺寸。

在标注组合体尺寸时，除了要求正确、齐全以外，还应力求做到尺寸布置清晰、整齐，便于看图。现以图 4-2 所示的组合体为例，说明组合体尺寸标注的方法和步骤，如图 4-8 所示。

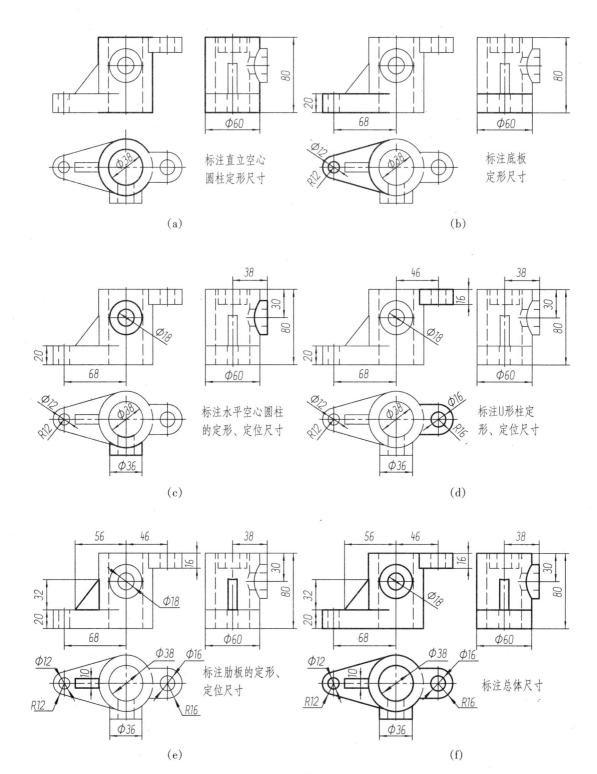

图 4-8　组合体尺寸标注

第三节　组合体视图的识读

识图是根据组合体的二维视图，依据实体构形的原则，抽象出其三维形状的思维过程。识图不是画图的简单逆过程，由已知的两视图补画第三视图，是培养识图能力和检验是否看懂视图的主要手段。看组合体视图的基本方法有形体分析法和线面分析法。

3.1　形体分析法

形体分析法是将组合体视图分解为若干部分，运用投影规律，逐一识别参与组合体集合构形的各简单几何体，再根据各简单几何体的相对位置及集合构形方式，想象组合体的整体三维形状。形体分析与构形分析的相同之处在于，都是变复杂几何体为简单几何体的集合，不同之处在于，它们的分析对象有所不同，形体分析是对二维视图进行分析，构形分析是对三维实体进行分析。显然，要准确、快速地从组合体视图中识别参与组合体集合构形的各简单几何体，就要熟练掌握棱柱、棱锥、圆柱、圆锥、圆球等简单几何体的投影特点。

现以图4-9"支架"为例，说明用形体分析法识图的具体步骤：

(1)抓主视、分线框；从最能反映组合体几何特征的主视图入手，按封闭线框把组合体大致分成几个部分，如图4-9(a)所示。

(2)对投影、识形体；根据长对正、高平齐、宽相等的投影关系，逐一找出每一部分的其他投影，进而识别参与组合体集合构形的各简单几何体，再利用投影的三等对应关系，逐一画出各简单几何体的第三视图，如图4-9(b)、图4-9(c)、图4-9(d)、图4-9(e)、图4-9(f)所示。

(3)合起来、想整体；根据各简单几何体投影在组合体视图中的位置以及邻接边界面交线的投影特点，确定各简单几何体的相对位置及集合构形方式，想象出组合体的三维形状。"支架"的三视图及正等轴测图如图4-10所示。

3.2　线面分析法

线面分析法是运用线、面的投影规律，分析组合体视图中图线和线框的确切含义，判断它们与投影面的相对位置，进而想象组合体的三维形状。线面分析法是运用形体分析法识图的补充方法。识图时，在运用形体分析法的基础上辅以线面分析法，有助于弄清一些难点和细节。

识图是一个试探性过程，具有尝试性和反复性。只有充分了解组合体视图中图线和线框的含义，才可能有丰富的构思和联想。识图的过程是反复与已知视图对照、修正想象中的三维实体的思维过程。

如图4-11所示，组合体视图中的图线(用粗实线、细虚线画出的直线或曲线)可以有三种含义：表示边轮廓线、表示垂直于投影面的平面或柱面或表示回转面的侧影轮廓线。组合体视图中的封闭线框可以有四种含义：表示一个平面、表示一个曲面、表示一个空腔、表示平面与曲面相切的组合面。

图 4-9　形体分析法

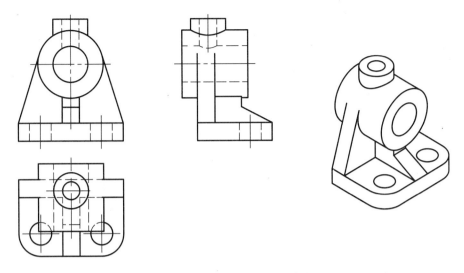

图 4-10 "支架"的三视图及正等轴测图

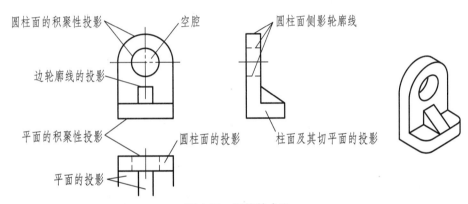

图 4-11 图线的含义

现以图 4-12(a)"滑块"为例，说明用线面分析法识图的具体步骤：

(1)对投影、识形体；该组合体的主视图中只有一个封闭线框，对照左视图可看出，该组合体的主体为一拉伸体，其前后被两个侧垂面各切去一块。所以，该组合体的集合构形方式可描述为：$S = S_1 - S_2 - S_3$，如图 4-12(b)所示。

(2)补画俯视图；对照主、左视图，按自下而上的顺序，找出边界面为水平面的两面投影，利用投影的三等对应关系，逐一画出它们的俯视图，如图 4-12(c)所示；然后，补全其他边界面的俯视图，并运用投影的类似性检查、确认，如图 4-12(d)、4-12(e)所示；最后，按标准规定的线型描深图线，如图 4-16(f)所示。

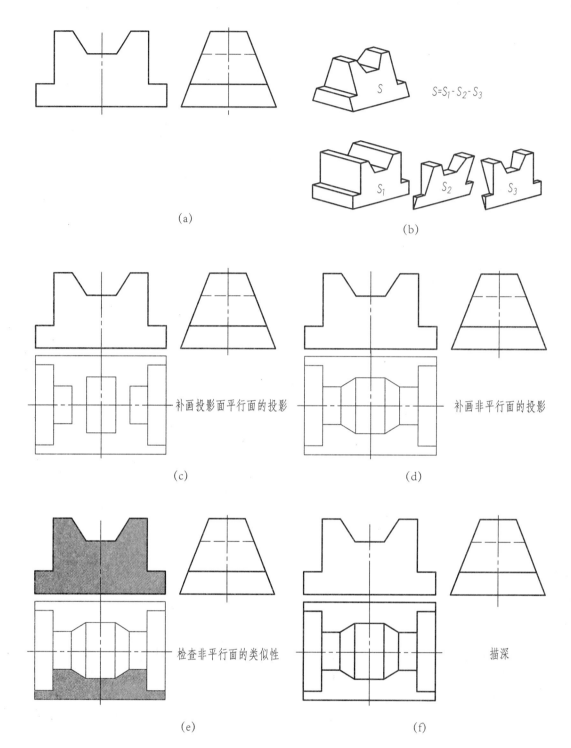

$S=S_1-S_2-S_3$

(a)

(b)

补画投影面平行面的投影

(c)

补画非平行面的投影

(d)

检查非平行面的类似性

(e)

描深

(f)

图4-12　线面分析法(边框去掉，a-e下移)

第五章 图样的基本表示法

图样的基本表示法是国家标准对正投影法所作的画法规定。国家标准为工程图样规定了一系列基本表示法：视图、剖视图、断面图、局部放大图和简化画法等。根据零件的结构、形状特点，采用适宜的基本表示法，可以完整、简洁、清晰地表达零件的内、外部结构和形状特征。

第一节 视 图

视图表示法主要用于表达零件的外形。国家标准规定的视图有基本视图、向视图、局部视图和斜视图四种类型。

1.1 基本视图

如图 1-4 所示，以正六面体的六个面为基本投影面，分别向六个投影面作正投影，得到三维实体前、后、左、右、上、下六个方位的六个视图：主视图、后视图、左视图、右视图、俯视图、仰视图。在国标中，将这六个视图统称"基本视图"。图 5-1 为按第一角画法展开后六个基本视图的配置位置。制图时，若按规定的位置配置基本视图，一律不注视图名称。

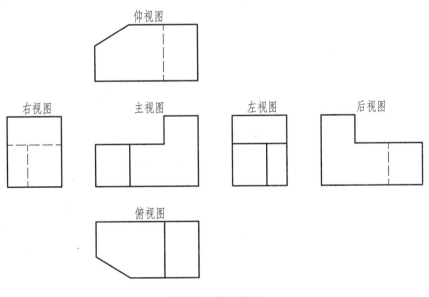

图 5-1 基本视图

1.2　向视图

自由配置的基本视图称为"向视图"，如图 5-2 所示 A 向视图，即为图 5-1 所示六个基本视图中的右视图。为表明向视图的投射方向，必须在相应视图的附近用箭头指明投射方向，同时标注大写的拉丁字母，并在向视图的上方标注相同的字母。由于向视图是基本视图的另一种表达方式，是移位(不旋转)配置的基本视图，故标注向视图的投射方向时，一定要与对应基本视图的投射方向一致。

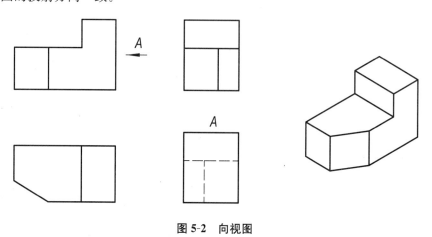

图 5-2　向视图

1.3　局部视图

将零件的部分结构向基本投影面投射，所得的视图称"局部视图"，如图 5-3(a)中的俯视图即为局部视图。画局部视图时，其断裂边界用波浪线或双折线表示，当所表示的局部结构形状完整且其边界线为封闭轮廓时，则不必画出其断裂边界，如图 5-3(a)中 A 向局部右视图。局部视图按基本视图位置配置时，可不加标注，如图 5-3(c)中的局部右视图；也可按向视图位置配置并加以标注，如图 5-3(a)中 A 向局部右视图。

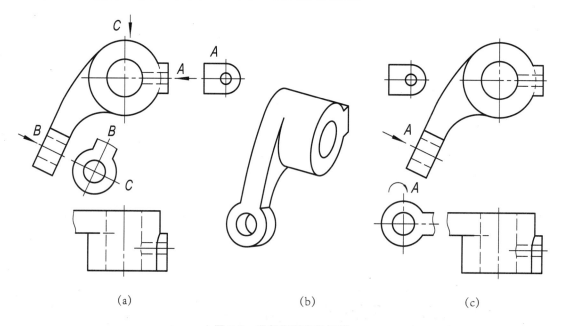

(a)　　　　　　　　　　(b)　　　　　　　　　　(c)

图 5-3　局部视图和斜视图

1.4 斜视图

如图 5-3(b)所示，当零件部分结构的边界面相对基本投影面处于倾斜位置时，在基本投影面上的投影就不能反映该边界面的实形。为表达该倾斜结构边界面的实形，可增设一个与该边界面平行且垂直于基本投影面的辅助投影面，将零件的倾斜结构向辅助投影面投射，所得的视图称"斜视图"，如图 5-3(a)中所示 B 向视图。

绘制斜视图时，通常只画出倾斜结构的外形，断去其余部分，其断裂边界的画法与局部视图相同。斜视图一般按向视图的配置形式配置，而且必须进行标注，标注时画出表明投射方向的箭头，及水平书写的字母。如图 5-3(a)中 B 向斜视图；在不致引起误解的情况下，允许将斜视图旋转配置，如图 5-3(c)中 A 向斜视图。标注旋转符号时应注意，旋转符号用以字高为半径的半圆弧绘制，旋转符号的箭头方向要与斜视图的实际旋转方向一致，表示斜视图名称的字母应靠近箭头一侧。

在绘制工程图样时，应首先考虑看图方便。根据物体的结构特点，在完整、清晰地表示物体形状的前提下，力求制图简单。将表示物体信息量最多的那个视图作为主视图，其他视图的选取原则是，在明确表示物体的前提下，使视图数量为最少；并且尽量避免使用虚线表达物体的轮廓线。

第二节　剖视图

2.1 剖视图的基本概念

如图 5-4(a)主视图所示，用细虚线表达零件不同层次的空腔结构时，可见的轮廓线(粗实线)与不可见的轮廓线(细虚线)交错、重叠，既影响视图的清晰，又不便于看图及标注尺寸。为了清晰地表达零件的空腔结构，假想用一剖切平面，沿零件的对称面将其剖开(如图 5-4(b)所示)，移去观察者和剖切平面之间的部分，使空腔结构显露出来，然后将其余的部分向投影面投射，所得的视图称"剖视图"(简称"剖视")，如图 5-4(c)中 A-A 所示。

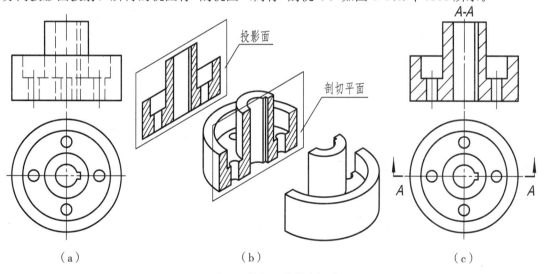

（a）　　　　　　　　　（b）　　　　　　　　　（c）

图 5-4　剖视图的基本概念

(1)剖面区域与剖面线

剖切平面与被剖零件的接触部分称"剖面区域"。国标规定，剖视图需在剖面区域内画出剖面符号。若要表示零件的材料类别，可用特定的剖面符号，特定剖面符号由相应的标准确定；若不表示零件的材料类别，可用通用的剖面符号(简称"剖面线")。如图 5-4(c)中 A-A 所示，剖面线是用细实线绘制、间隔为 2～4 mm 的等距平行线，与剖面区域的主要轮廓线或对称线成 45°角，向左或向右倾斜均可，但同一零件的各剖面区域，剖面线的方向、间隔应严格保持一致。

(2)剖视图的配置和标注

剖视图通常按基本视图位置配置，如图 5-4(c)中 A-A 所示，剖视图必要时也可按向视图位置配置。

一般应在剖视图上方居中位置标注剖视图的名称"×－×"("×"为大写拉丁字母)；在剖切平面积聚为直线的视图上用剖切符号(用粗短画表示，尽可能不与视图的轮廓线相交)表示剖切平面的起、迄和转折位置，并标注同样的字母；在剖切符号两端垂直地画出箭头，表示剖切后的投射方向，如图 5-4(c)、图 5-9 所示。当剖切平面为单一正(投影面平行面)剖切平面，剖视图按基本视图位置配置时，可省略箭头(如图 5-6(b)半剖俯视图的标注)；当剖切平面为单一正剖切平面，剖切位置明确，且剖视图按基本视图位置配置时，可省略标注(如图 5-6(b)半剖主视图的标注省略)。

(3)画剖视图应注意的几种情况

第一：剖视图是一种假想画法，未剖切的其他视图应该完整地画出，如图 5-4(c)俯视图。

第二：剖切平面一般应垂直于基本投影面，且通过零件上孔、槽的轴线或对称面，以避免剖切后产生不完整的结构要素。

第三：应画出剖切平面后面的所有可见轮廓线，图 5-5(a)中有漏线，正确的表达见图 5-5(b)。

第四：剖切平面后面的不可见轮廓线，若其结构已在剖视图或其他视图中表达清楚，应省略细虚线，图 5-5(c)中的细虚线应不画。没有表达清楚的结构，允许画少量细虚线，如图 5-5(b)中的细虚线。

第五：对于机件上的肋、轮辐及薄壁等结构，如按纵向剖切，则这些结构用粗实线画出轮廓与相邻接部分分开，且不画剖面线，如图 5-5(e)。

2.2　剖视图的种类及适用条件

剖视图可分为全剖视图、半剖视图和局部剖视图三种。

(1)全剖视图

用剖切平面完全地剖开零件，所得的剖视图称"全剖视图"，图 5-4(c)中 A-A 即为全剖视图。当零件的外形较为简单或外形已在其他视图中表达清楚，常用全剖视图表达零件的空腔结构。

(2)半剖视图

如图 5-6(b)所示，当零件在主体结构上具有对称平面时，在垂直于对称平面的投影面上的投影，以对称中心线为界，一半画成剖视图，另一半画成视图，这种组合视图称"半剖视图"。半剖视图是在一个视图上同时用剖视和视图分别表达零件的内、外形状，但仅适用于主体结构对称的零件。

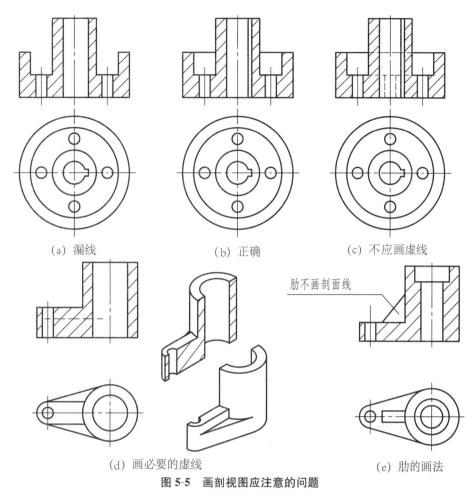

（a）漏线 （b）正确 （c）不应画虚线

（d）画必要的虚线 （e）肋的画法

图 5-5 画剖视图应注意的问题

画半剖视图应注意的几种情况

第一：半个剖视与半个视图的分界线为细点画线，不要画成粗实线。

第二：半剖视图中的视图部分不要画虚线。图 5-6（b）为图 5-6（a）所示零件的剖视图，画剖视图的目的是为了用粗实线清晰地表达零件的空腔结构，因此，在半个剖视图上已表达清楚的空腔结构，在不剖的半个视图上，表示该结构的细虚线不画。同理，在其他视图上，表示该结构的细虚线也应省略。

第三：半剖视图的标注方法及省略标注的原则与全剖视图完全相同。

（3）局部剖视图

如图 5-7 所示，用剖切平面将零件剖开后，根据视图表达的需要，只在局部画出零件剖开后的内部结构特征，而其它位置均按照未剖切状态表达，这样所得的剖视图称"局部剖视图"。局部剖视图是一种较为灵活的表达方法，剖切的位置和剖切的范围可根据实际需要确定，适用于不宜采用全剖、半剖视图的零件。

如图 5-7（a）、5-7（b）所示，零件的断裂边界是剖开部分与未剖部分的分界。在局部剖视图上，剖视部分与视图部分用波浪线或双折线分界，如图 5-7（c）所示。波浪线是零件假想断裂面的投影，因此不能超出零件的边界轮廓线，并且遇到通孔要断开，例如图 5-7（c）主视图中，波浪线遇到圆柱体上水平小孔断开。波浪线不要与视图中的其他图线重合，也不要画在其他图线的延长线上。

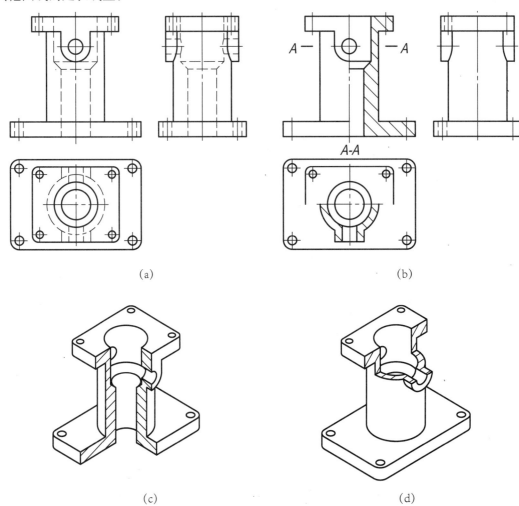

(a)　　　　　　　　　　　　　　(b)

(c)　　　　　　　　　　　　　　(d)

图 5-6　半剖视图

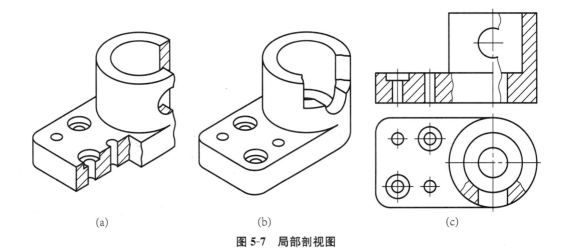

(a)　　　　　　　　(b)　　　　　　　　(c)

图 5-7　局部剖视图

2.3 剖切平面的种类及适用条件

全剖、半剖和局部剖视图除了可用平行于基本投影面的单一正剖切平面剖开零件获得外，还可根据零件的结构、形状特点，选用垂直于基本投影面的单一斜剖切平面、几个平行的剖切平面或几个相交的剖切平面剖开零件获得。

(1)单一斜剖切平面

如图 5-8 *A-A* 所示，为了使零件倾斜部分的空腔结构在剖视图上反映实形，假想用垂直于基本投影面的单一斜剖切平面，沿倾斜部分的对称平面剖开零件，再向与该剖切平面平行的辅助投影面投射，即可得到零件倾斜部分空腔结构的实形，用这种剖切方法获得的剖视图俗称"斜剖"。

在图 5-8(b)中的 *A-A*、*B-B* 全剖视图中，面积较小的肋板(起加固和连接作用的薄板)被纵向剖切，面积较大的肋板被横向剖切。在纵向剖切肋板的剖面区域内不画剖面线，并用粗实线将它与邻接结构分开；在横向剖切肋板的剖面区域内仍要画剖面线。画图时应注意，若剖面区域的主要轮廓线与水平方向成 45°角，剖面线应画成与水平方向成 30°或 60°角，但剖面线的倾斜趋势和间距仍要与该零件的其他视图保持一致，如图 5-8 中 *A-A* 所示。

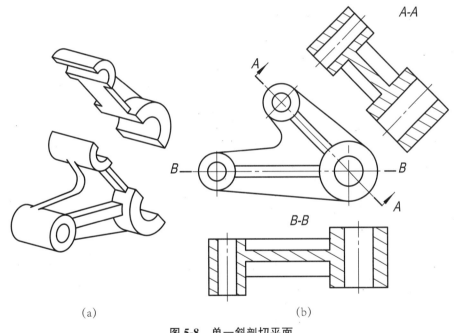

(a)   (b)

图 5-8　单一斜剖切平面

(2)几个平行的剖切平面

如图 5-9 所示，当零件的若干空腔结构位置分布在几个平行的平面内，不能用单一的剖切平面同时剖开时，假想用几个平行的剖切平面将零件不同层次的空腔结构同时剖开，用这种剖切方法获得的剖视图俗称"阶梯剖"。采用这种方法画剖视图时，在图形内不应出现不完整的要素，如图 5-9 所示 *A-A* 局部剖视图，是将图 5-7 所示的两个平行剖切平面剖得的两个局部剖视图合成为一个局部剖视图。

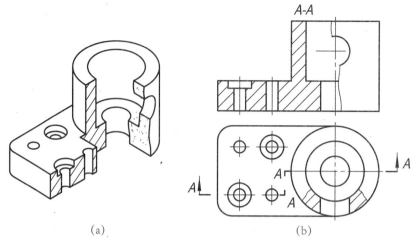

(a)　　　　　　　　　　(b)

图 5-9　几个平行的剖切平面

如图 5-9 所示，两个平行剖切平面之间有一与基本投影面垂直的界面，界面所在位置即是剖切平面的转折处，在相应视图上要用剖切符号标出剖切平面的转折位置，以表示各剖切平面的剖切范围，剖切符号应画在视图的空白区域，不要与视图的轮廓线重合，若空隙有限且不致引起误解时，转折处的字母允许省略。

（3）几个相交的剖切平面

如图 5-10 所示，零件在主体结构上具有回转轴，而零件的若干空腔结构位置分布在两个相交的平面内，假想用两个相交的剖切平面（其交线垂直于基本投影面）将零件不同层次的空腔结构同时剖开，用这种剖切方法获得的剖视图俗称"旋转剖"。

用两个相交的剖切平面剖得的全剖、半剖和局部剖视图应旋转到同一投影面上。如图 5-10 所示，用两个交于零件回转轴的剖切平面剖开零件后，假想先将与选定投影面不平行的剖切平面所剖到的结构绕回转轴旋转，使相交剖切平面的两个剖面区域处于同一投影面平行面，再向该投影面投影，这样就可以在同一剖视图上表示出两个相交剖切平面所剖到结构的实形。

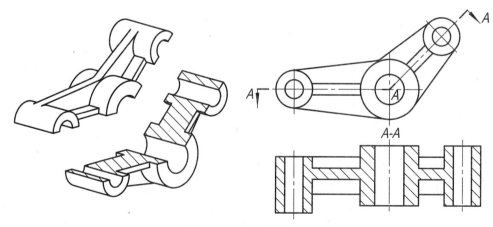

图 5-10　两个相交的剖切平面

如图 5-11 所示，零件的若干空腔结构位置分布在几个相交的平面内，假想用多个连续相交的剖切平面剖开零件，这种剖视图的画法可概括为：先剖开，后旋转，再投射，即先用几个连续相交的剖切平面剖开零件，然后将与选定投影面不平行的各剖切平面所剖到的结构依次旋转，使各剖面区域展开到同一投影面平行面，再向该投影面投影，这样就可以在同一剖视图上表示出多个相交剖切平面所剖到结构的实形，此时在剖视图上方应标注"×-×展开"。

如图 5-12 所示，零件的若干空腔结构位置分布在组合的剖切平面内，假想用组合的剖切平面将零件不同层次的空腔结构同时剖开，这种剖切方法俗称"复合剖"。

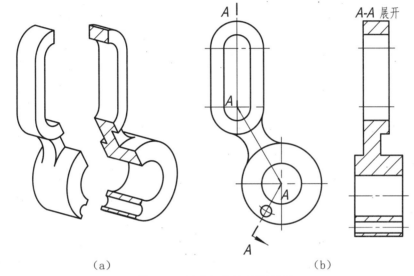

（a）   （b）

图 5-11 几个相交的剖切平面

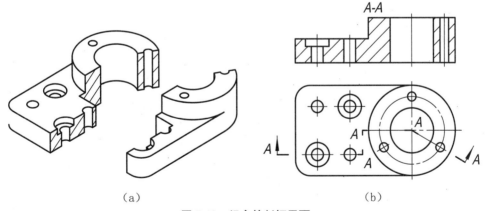

（a）   （b）

图 5-12 组合的剖切平面

第三节　断面图、局部放大图

3.1　断面图

如图 5-13 所示，假想用一剖切平面在零件的某处将其截断，仅画出剖面区域的投影，这种图形称"断面图"。剖视图所采用的各种剖切方法均适用于断面图。将图 5-13 中的 *A-A* 断面图与全剖左视图比较，显然断面图表示法能更清晰、简捷地表达零件某个断面的形状。

根据断面图配置位置的不同，断面图分移出断面图和重合断面图两种。

（1）移出断面图的画法和配置

移出断面图画在视图外，其轮廓线用粗实线绘制，如图 5-13 中所示。移出断面图通常配置在剖切符号的延长线上，也可按投影关系配置，如图 5-16 所示，对称的断面图允许配置在视图的中断处，如图 5-14 所示，必要时，移出断面图也可配置在其他适当位置，并可以旋转。

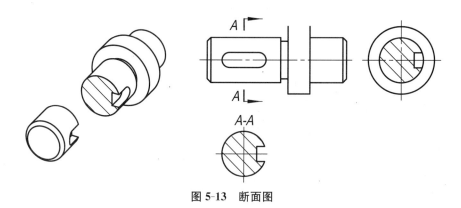

图 5-13　断面图

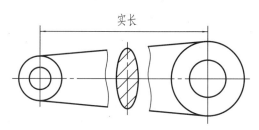

图 5-14　移出断面图

画移出断面图时，当剖切平面通过回转面形成的孔或凹坑的轴线时，这些结构应按剖视绘制，如图 5-15 所示；当剖切平面通过非回转体结构，断面呈现完全分离的两部分时，这些结构也应按剖视图绘制，如图 5-16 所示。当几个相交的剖切平面剖切机件时，其移出断面图中间应断开，如图 5-17 所示。

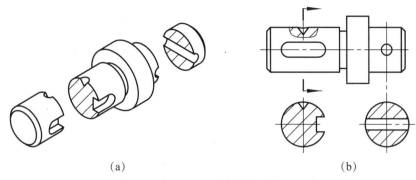

(a)　　　　　　　　　　　　　　(b)

图 5-15　剖切平面通过回转面的断面图

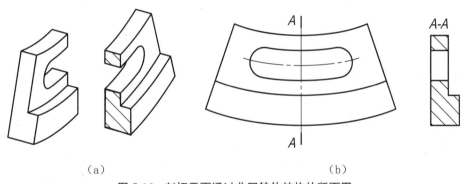

（a）　　　　　　　　　　　　　　（b）

图 5-16　剖切平面通过非回转体结构的断面图

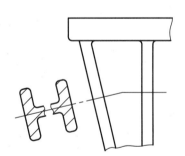

图 5-17　几个相交的剖切平面剖切时的断面图

移出断面图的标注方法与剖视图基本相同，在下述几种情况下可省略标注：

第一：配置在剖切符号延长线上的不对称移出断面图，可省略字母，如图 5-15(b) 左侧的断面图。

第二：按投影关系配置的不对称移出断面图可省略箭头，可省略字母，如图 5-16(b) 所示。

第三：配置在剖切线(指示剖切位置的线，用细点画线表示)的延长线上的对称移出断面图，以及配置在视图中断处的移出断面图可不加任何标注，如图 5-15 中右侧的断面图。

（2）重合断面图

画在视图内的断面图称"重合断面图"。如图 5-18 所示，重合断面图的轮廓线用细实线绘制。若重合断面图的轮廓线与原视图的可见轮廓线重叠，原视图的可见轮廓线仍应连续画出，不能因有断面图而中断。

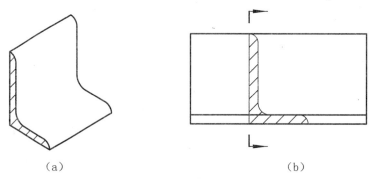

（a）　　　　　　　　　　　　　（b）

图 5-18　重合断面图

由于重合断面图配置在剖切平面所在位置，因此标注时一律省略字母，只标注剖切符号和指示投射方向的箭头，如图 5-18 所示；对称的重合断面图不必标注；当不致引起误解时，不对称的重合断面图也可省略标注。

3.2　局部放大图

如图 5-19 所示，将零件的部分结构用大于原视图所采用的比例画出的图形称"局部放大图"。局部放大图的绘图比例应在国标规定的系列数值中选取，此比例是指该图形与零件实际大小之比，与原视图所采用的比例无关。局部放大图可画成视图、剖视或断面图，与原视图所采用的表示法无关。局部放大图应尽量配置在被放大部位的附近。

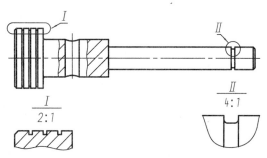

图 5-19　局部放大图

绘制局部放大图时，一般应用细实线圈出被放大的部位。当同一零件上有两处及两处以上被放大部位时，要用罗马数字依次标明被放大的部位，并在局部放大图上方居中位置用分式形式标注，分子注出相应的罗马数字，分母注出所采用的比例；若零件上仅有一处被放大部位时，在局部放大图的上方只需注明所采用的比例。

第四节 常用简化画法

为提高设计效率和图样的清晰度，国家标准规定了一系列简化画法。现择其常见的介绍如下：

(1)相同结构要素的简化画法

如图 5-20(a)所示，零件中按规律分布的相同结构可只画出几个完整的，其余的用细实线连线表示，但必须在图中注明该结构的总数。零件中按规律分布的等直径孔，可只画出一个或几个，其余用细点画线表示出孔的中心位置，并注明孔的总数，如图 5-20(b)、5-20(c)所示。

(2)剖视图中的简化画法

如图 5-20(c)所示，当零件回转体上均匀分布的筋、孔等结构不处于剖切平面上时，可将这些结构旋转到剖切平面位置按被剖切到绘制，且不需任何标注和说明。

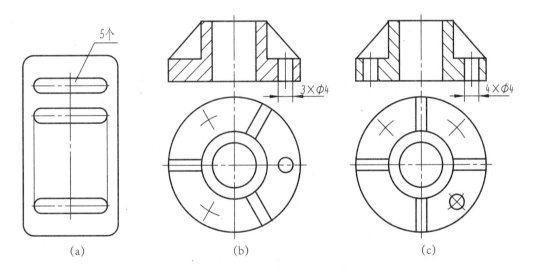

图 5-20 相同结构要素的简化画法

(3)剖切平面前面结构的简化画法

如图 5-21 所示，当需要表示位于剖切平面前面的结构时，可用假想投影轮廓线(细双点画线)表示这些结构。

（4）断开缩短画法

如图 5-22 所示，较长的零件(轴、杆、型材等)沿长度方向的形状相同或按一定规律变化时，可假想将零件断开后缩短绘制，折断处的边界线用波浪线、双折线或细双点画线等表示。

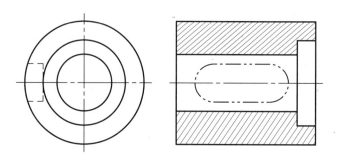

图 5-21　剖切平面前面结构的简化画法

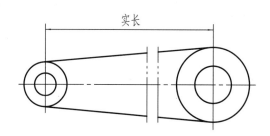

图 5-22　断开缩短画法

第六章 图样的特殊表示法

图样的特殊表示法是国家标准对常用零部件和常用结构要素所作的画法规定，是用比真实投影简单的画法和规定的标记，简化地表达特定的零件和结构要素。用特殊表示法表达螺纹紧固件、键、销、齿轮等常用零部件，可大大减少绘图工作量。

第一节 螺 纹

螺纹是零件上最常见的结构之一。当一动点 *M* 在圆柱表面上绕其轴线作等速回转运动，同时沿圆柱母线作等速直线运动，则该动点在圆柱表面上的运动轨迹称"圆柱螺旋线"，如图 6-1 所示。若一个与圆柱轴线同平面的平面图形（如三角形、梯形），沿圆柱螺旋线运动，便形成了圆柱螺纹。同样在圆锥表面上形成的螺纹为圆锥螺纹。螺纹有内、外之分，在圆柱或圆锥外表面上的称"外螺纹"，在圆柱或圆锥孔表面上的称"内螺纹"，内、外螺纹旋合构成的螺纹副，可以起到连接或传动的作用。

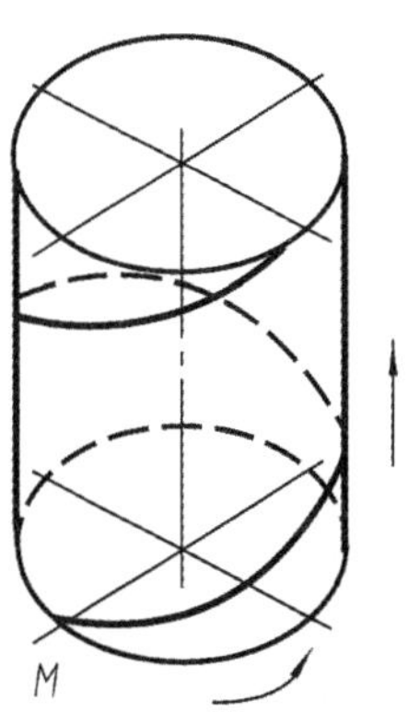

图 6-1 圆柱螺旋线

1.1 螺纹五要素

内、外螺纹旋合时，它们的牙型、直径、螺距（或导程）、线数和旋向必须一致。

（1）牙型

在通过螺纹轴线的断面上，螺纹的轮廓形状称"牙型"。牙型有标准和非标准之分。标准牙型有三角形、梯形、锯齿形等，非标准牙型有方型等。不同牙型的螺纹有不同的用途。常见的螺纹类型见表 6-1。

（2）直径

螺纹的直径包括大径、小径和中径。大径为螺纹的最大直径，普通螺纹和梯形螺纹的大径又称"公称直径"，是与外螺纹牙顶或内螺纹牙底相重合的假想圆柱面的直径，用 d（外螺纹）或 D（内螺纹）表示，如图 6-2 所示。

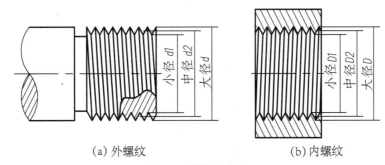

(a) 外螺纹　　　　　　　　　　(b) 内螺纹

图 6-2 螺纹的直径

小径为螺纹的最小直径，即与外螺纹牙底或内螺纹牙顶相重合的假想圆柱面的直径，用 d_1（外螺纹）或 D_1（内螺纹）表示，如图 6-2 所示。

中径为母线通过牙型上沟槽和凸起宽度相等处的假想圆柱面的直径，用 d_2（外螺纹）或 D_2（内螺纹）表示，如图 6-2 所示。

表 6-1　常用螺纹种类

螺纹类别	牙型图	特征代号	特点及应用
普通螺纹	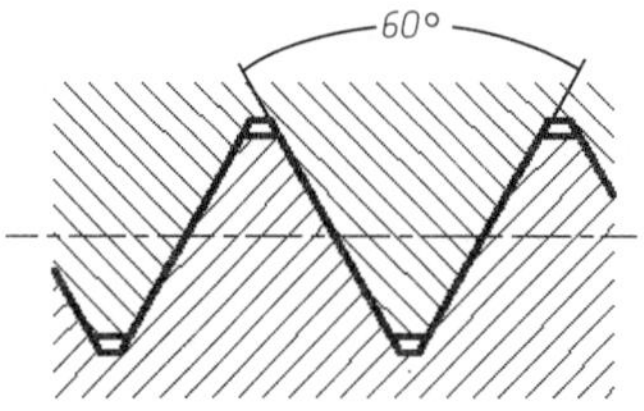	M	常用的连接螺纹。牙型为三角形，牙型角 60°，有粗牙和细牙之分，细牙螺纹的螺距和牙型高度较相同大径的粗牙螺纹小。
非密封管螺纹	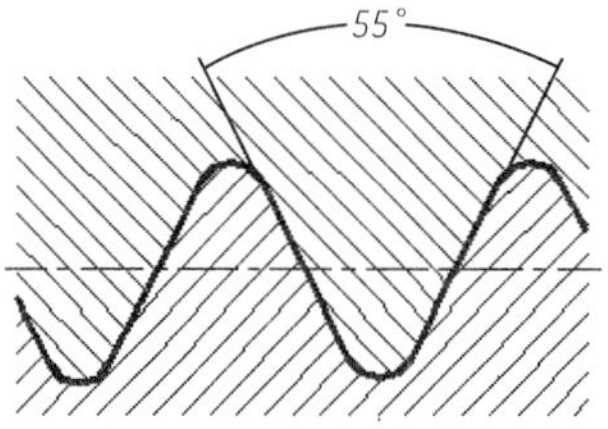	G	管螺纹之一。牙型为三角形，牙型角 55°，内、外螺纹均为圆柱螺纹，旋合后无密封能力。
梯形螺纹	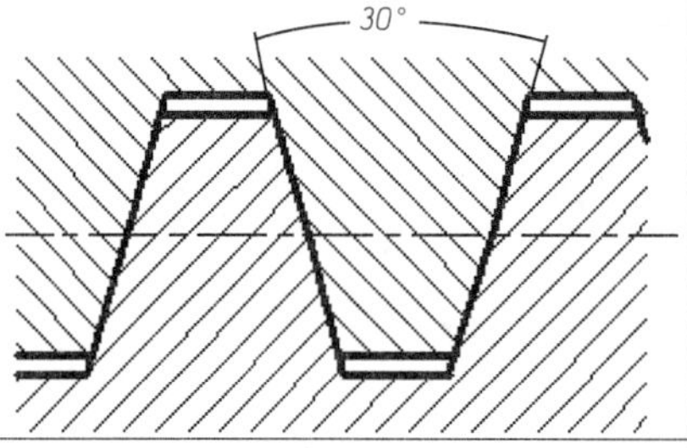	Tr	常用的传动螺纹。牙型为等腰梯形，牙型角 30°。
锯齿形螺纹	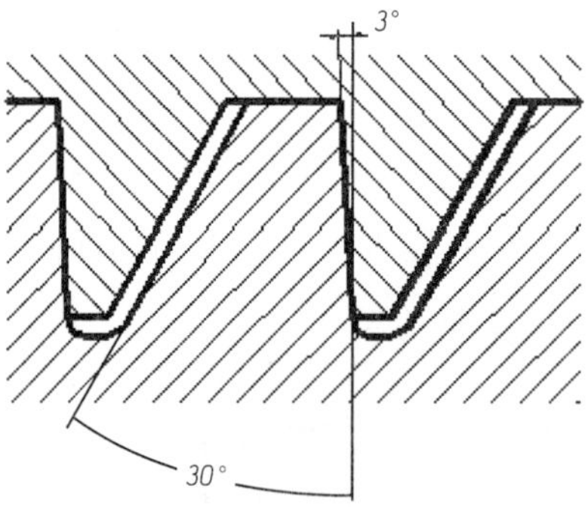	B	牙型为不等腰梯形，工作面的牙型斜角为 3°，非工作面的牙型斜角为 30°。是单向受力的传动螺纹。

（3）线数

螺纹有单线和多线之分。沿一条螺旋线形成的螺纹称"单线螺纹"，如图 6-3(a)所示；沿轴向等距分布的两条或两条以上螺旋线形成的螺纹称"多线螺纹"，如图 6-3(b)所示。

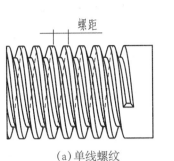
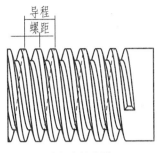

(a)单线螺纹　　　　　　　　(b)多线螺纹

图6-3　螺纹的线数与导程

(4)螺距和导程

相邻两牙对应两点的轴向距离称"螺距"，如图6-3(a)所示；同一螺旋线上相邻两牙对应两点的轴向距离称"导程"，如图6-3(b)所示。多线螺纹的导程等于线数乘螺距。

(5)旋向

螺纹分右旋和左旋。顺时针旋转时旋入的螺纹称"右旋螺纹"；逆时针旋转时旋入的螺纹称"左旋螺纹"。若将螺纹的轴线竖直放置，螺纹可见部分自左向右上升则为右旋螺纹。图6-3是右旋螺纹。

国家标准对螺纹的牙型、直径和螺距进行了规定。凡牙型、直径和螺距符合标准的螺纹称"标准螺纹"；牙型符合标准，直径或螺距不符合标准的称"特殊螺纹"；牙型不符合标准的称"非标准螺纹"。

1.2　螺纹的画法

(1)外螺纹的画法

螺纹牙顶圆(大径)的投影用粗实线表示；螺纹牙底圆(小径)的投影用细实线表示。如果螺杆有倒角或倒圆，在投影不为圆的视图上，其对应的倒角或倒圆部分也应画出，并且螺纹小径应画入倒角内。有效螺纹的终止线(简称螺纹终止线)用粗实线表示，如图6-4(a)所示。当用剖视图或断面图表达外螺纹时，剖面线要画到粗实线为止，如图6-4(b)所示。

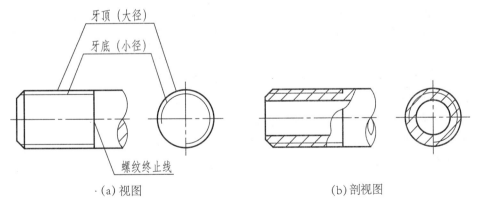

牙顶(大径)

牙底(小径)

螺纹终止线

(a)视图　　　　　　　　　　　　　(b)剖视图

图6-4　外螺纹的画法

在垂直于螺纹轴线的投影面的视图中，表示牙底圆的细实线圆只画约3/4圈(空出约1/4圈的位置不作规定)，螺杆的倒角圆不应画出。

65

（2）内螺纹的画法

内螺纹（螺孔）一般用剖视来表示，如图 6-5 所示。若用视图表示，内螺纹所有结构均不可见，都用细虚线表示。在剖视图中螺纹牙顶圆（小径）的投影用粗实线表示；螺纹牙底圆（大径）的投影用细实线表示，而且不画入倒角内；剖面线要画到粗实线为止。

加工内螺纹孔时，一般先用钻头钻出光孔，再用丝锥攻丝得到螺纹。光孔的直径等于螺纹的小径，光孔的深度为图 6-5（b）所示的钻孔深度，其大于丝锥攻丝得到的螺纹深度，钻头的锥角约等于 120°，对应螺纹深度的底端形成螺纹终止线。在表达盲孔的剖视图中，用粗实线画出螺纹终止线，同时用粗实线画出光孔部分及孔底部 120°的锥角，如图 6-5（b）所示。

在垂直于螺纹轴线的投影面的视图中，牙顶用粗实线表示，牙底圆的细实线只画约 3/4 圈，倒角圆不应画出。

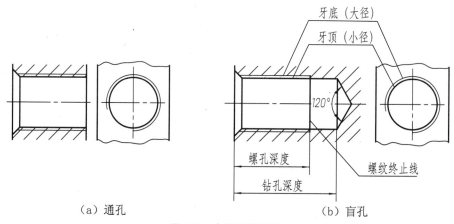

图 6-5　内螺纹的画法

（3）螺纹连接画法

用剖视图表示内外螺纹连接时，其旋合部分按外螺纹的画法绘制，没有旋合到的部分按各自原来的画法表示，如图 6-6 所示。图 6-6（a）的主视图中，剖切平面是通过实心螺杆（外螺纹）的轴线剖切的，因此按不剖绘制。而左视图中剖切平面是垂直螺杆的轴线剖切的，因此螺杆仍按剖视图的规定绘制。图 6-6（a）所示的螺杆（外螺纹）是空心的，应按剖视图的规定绘制。图中螺杆和螺孔为不同的零件，它们的剖面线方向要相反，且剖面线都应画到粗实线。画内、外螺纹连接时，内、外螺纹的大、小径一定要对齐，与倒角大小无关。

（4）螺纹画法的补充说明

粗牙普通螺纹按规定画法表示时，小径尺寸可近似取大径尺寸的 0.85 倍。当需要表示非标准螺纹的牙型时，可采用局部剖视图或局部放大图表示，如图 6-7 所示。内螺孔相交时，只画螺纹小径的相贯线，如图 6-8 所示。

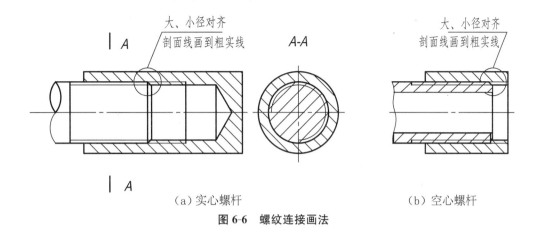

（a）实心螺杆　　　　　　　　　　　　　（b）空心螺杆

图 6-6　螺纹连接画法

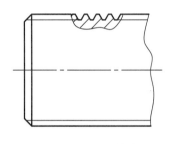

图 6-7　螺纹牙型的表示

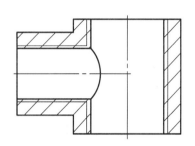

图 6-8　螺纹孔相贯线的画法

1.3　螺纹的标注方法

标准螺纹应注出相应标准所规定的螺纹标记。公称直径以 mm 为单位的螺纹，其标记应直接注在大径的尺寸线上或其引出线上，如图 6-9(a)、图 6-9(b)所示；管螺纹的标记一律注在引出线上，引出线由大径处引出，如图 6-9(c)所示。

(1) 普通螺纹、梯形螺纹、锯齿形螺纹的完整标记格式

单线螺纹：

| 特征代号 | 公称直径 | × | 螺距 | — | 公差带代号 | — | 旋合长度代号 | — | 旋向代号 |

多线螺纹：

| 特征代号 | 公称直径 | × | Ph 导程 P 螺距 | — | 公差带代号 | — | 旋合长度代号 | — | 旋向代号 |

特征代号中：粗牙普通螺纹不注螺距；公差带代号由公差等级数字和基本偏差字母组成，用于表示螺纹的制造精度，为螺纹中径和顶径的公差带，如果中径和顶径的公差带相同，只需注一个；旋合长度代号中 S 表示短旋合长度，L 表示长旋合长度，中旋合长度不标注；旋向代号中左旋螺纹用"LH"表示，右旋螺纹不标注旋向代号。

(2)管螺纹的完整标记格式

特征代号 尺寸代号 中径公差级别—旋向代号

标记格式中的尺寸代号是管子孔径的近似值，单位为英寸。

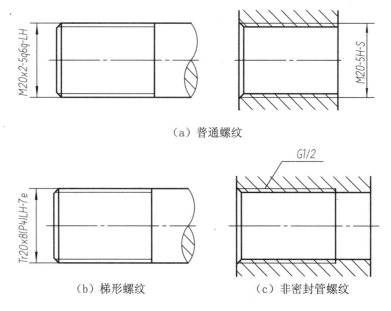

（a）普通螺纹

（b）梯形螺纹　　　　　　　　（c）非密封管螺纹

图 6-9　螺纹标注示例

第二节　螺纹紧固件

螺栓、螺柱、螺钉、螺母和垫圈等专门用作连接的零件统称"螺纹紧固件"。常用的螺纹紧固件均为国标规定的"标准件"，它们的结构形式、尺寸大小和表面质量均有标准规定。

2.1　螺纹紧固件连接的基本种类

标准螺纹紧固件用标记描述其规格尺寸，表 6-2 为一些常用螺纹紧固件及其标记示例。

表 6-2　常用螺纹紧固件及其标记示例

名称及规定标记示例	图示及规格尺寸标注示例
名称：六角头螺栓	
规定标注： 螺栓 GB/T 5782 M8×40	
名称：双头螺柱	
规定标注： 螺柱 GB/T 898 M10×30	
名称：开槽圆柱头螺钉	
规定标注： 螺钉 GB/T 65 M8×25	

（续表）

名称及规定标记示例	图示及规格尺寸标注示例
名称：开槽锥端紧定螺钉 规定标注： 螺钉 GB/T 71 M10×20	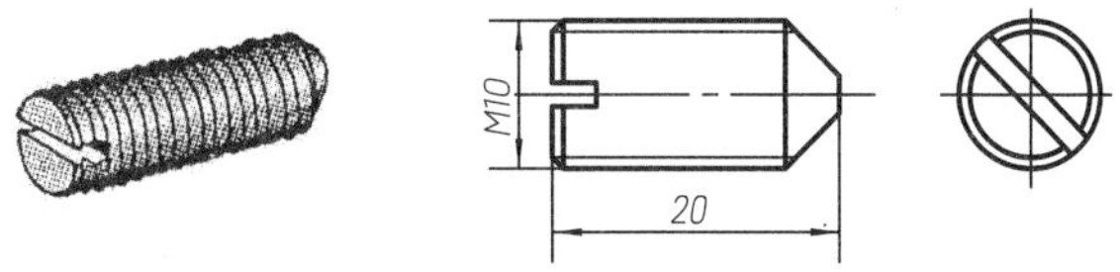
名称：Ⅰ型六角螺母 规定标注： 螺母 GB/T 6170 M10	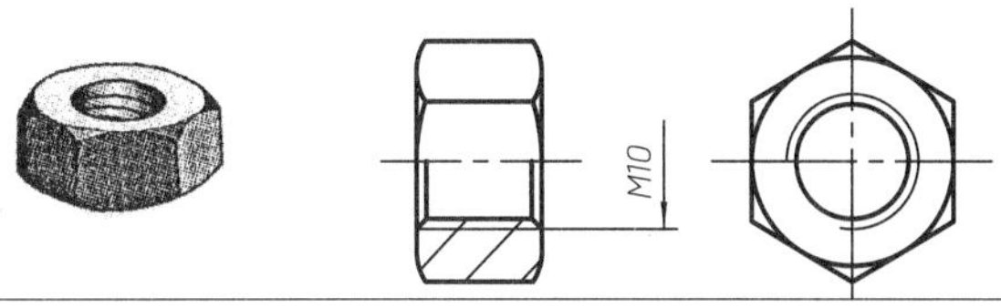
名称：平垫圈 规定标注：垫圈 GB/T 97.1　8	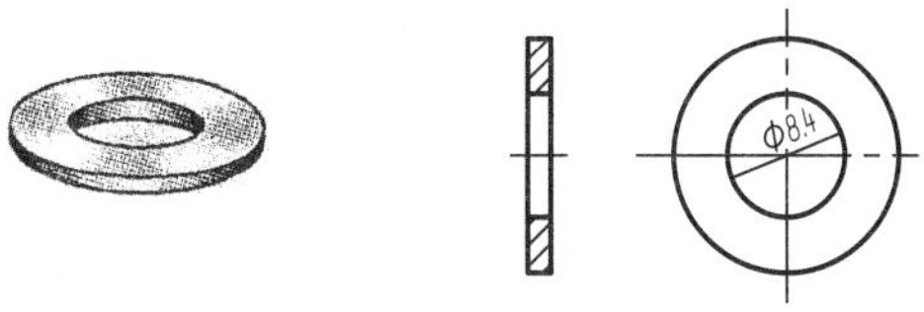
名称：弹簧垫圈 规定标注：垫圈 GB/T 93 8	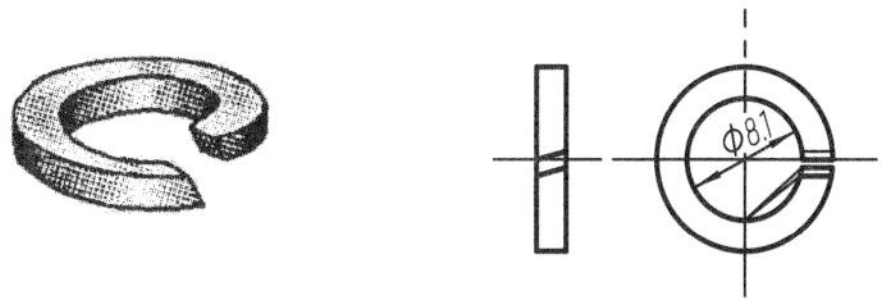

螺纹紧固件连接的主要形式有：螺栓连接、双头螺柱连接和螺钉连接。无论采用哪种连接形式，都应遵守装配图画法的基本规定：

(1)两零件接触表面画一条线，非接触表面画两条线。

(2)相邻零件的剖面线方向应相反，或方向一致、间隔不等。

(3)对于紧固件和实心零件(如螺栓、螺钉、螺母、垫圈、键、销、球和轴等)，若剖切平面通过它们的基本轴线时，这些零件均按不剖绘制，即画它们的外形。若有必要，可采用局部剖视。

为方便绘图，螺纹紧固件常采用简化画法绘制，简化圆弧等细节的投影；并且紧固件的尺寸按比例数值绘制，不用一一查表，因此也称比例画法。

2.2　螺栓连接的比例画法

螺栓通常用来连接不太厚的零件，被连接零件都制有通孔(没有螺纹)。用于螺栓连接的紧固件一般有螺栓、螺母和垫圈。图 6-10 是螺栓连接前、后的视图表达，比例数值中的 d 为螺栓的公称直径。

螺栓公称长度 L 的确定方法如下：

(1)计算螺栓长度：

$L_{计算}$＝被连接零件的总厚度＋垫圈厚度＋螺母高度＋螺栓伸出螺母的高度

上式中的垫圈厚度根据垫圈类型不同取不同的值，如平垫圈取 $0.2d$，弹簧垫圈取 $0.25d$。螺栓伸出螺母的高度可取 $0.3d$。

(2)查阅标准确定公称长度。根据上式中的 $L_{计算}$，在相关标准中选取与其接近的标准长度，作为作图及标注所需的螺栓公称长度 L。

螺栓连接未装配时的画法如图 6-10(a)所示，没有旋合的螺纹紧固件各部分按各自原来的画法表示，装配后的画法如图 6-10(b)所示。

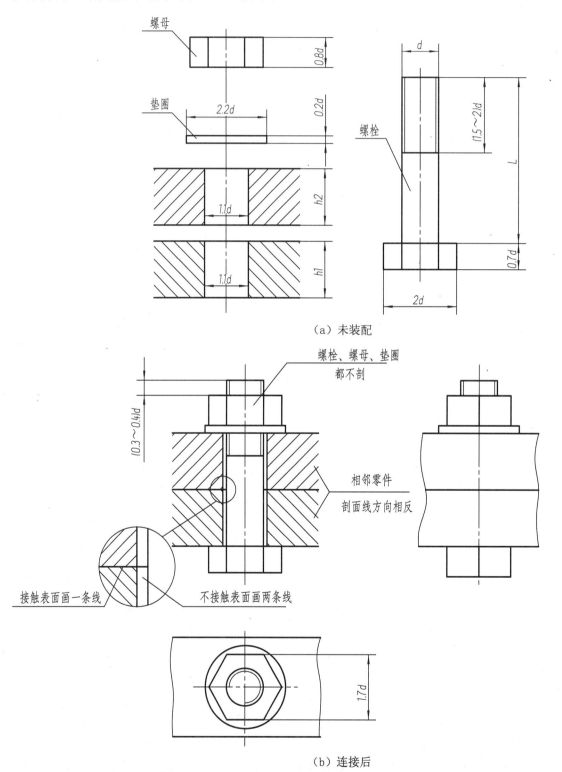

（a）未装配

（b）连接后

图 6-10　螺栓连接的比例画法

2.3 双头螺柱连接的比例画法

双头螺柱连接适用于两个被连接零件中，有一个较厚，不适合钻通孔的情况。使用双头螺柱连接时需要的紧固件一般有双头螺柱、螺母和垫圈，双头螺柱两端都有螺纹，如图 6-11(b)所示，一端为拧入端，拧进较厚零件的螺孔，另一端为拧螺母锁紧端，穿过较薄零件的通孔，套上垫圈后用螺母拧紧，完成连接，如图 6-11(c)所示。

国家标准明确规定：双头螺柱拧入端的长度 b_m 由制有螺孔的被连接零件的材料决定，分四种情况：材料为钢和青铜时，$b_m=d$（GB/T897）；材料为铸铁时，$b_m=1.25d$（GB/T898）或 $b_m=1.5d$（GB/T899）；材料为铝时，$b_m=2d$（GB/T900）。

双头螺柱公称长度的确定方法与螺栓类似，先计算：

$$L_{计算}=通孔零件的厚度＋垫圈厚度＋螺母高度＋螺柱伸出螺母的高度$$

再查相关标准，确定公称长度 L。由于双头螺柱的安装可靠性要求，其拧进较厚零件螺孔的拧入端螺纹终止线必须与被连接两零件的结合面重合，如图 6-11(c)所示。

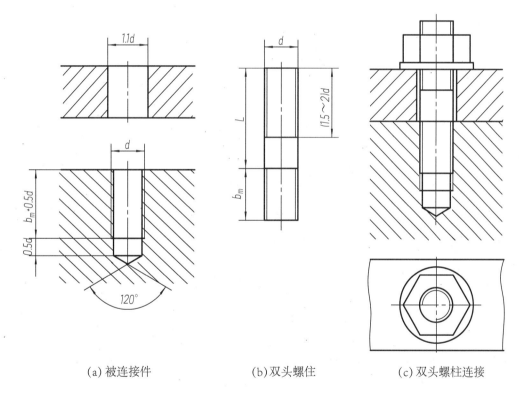

(a) 被连接件　　　　(b)双头螺住　　　　(c) 双头螺柱连接

图 6-11　例题-双头螺柱连接的作图

【例】用 M10 的 B 型双头螺柱连接两个零件，较厚零件材料为铸铁，较薄零件的厚度为 10 mm。选用 Ⅰ 型六角螺母（GB/T6170）和标准型弹簧垫圈（GB/T93）。试确定双头螺柱的公称长度 L；用比例画法作出双头螺柱连接图；写出双头螺柱、螺母及垫圈的规定标记。

① 确定双头螺柱的公称长度 L 及孔的深度

$$L_{计算}=通孔零件的厚度＋垫圈厚度＋螺母高度＋0.3d。$$

按比例画法作图时，弹簧垫圈厚度取 $0.25d$，螺母高度取 $0.8d$，$L_{计算}=23.5\ mm$。查阅附表，确定公称长度为 25 mm。

由铸铁材料确定 b_m 取 $1.5d$，为 15 mm；螺孔深为 $b_m+0.5d$；钻孔深为螺孔深$+0.5d$。相关尺寸在图 6-12 已注出。

② 画出双头螺柱的连接图（图 6-12），其中弹簧垫圈的比例尺寸在图中已注出，其开口槽方向从左上向右下倾斜，与水平成 $70°$。

③ 写出螺柱、螺母及垫圈的规定标记

规定标注：

螺柱 GB/T899 M10×25

螺母 GB/T6170 M10

垫圈 GB/T93 10

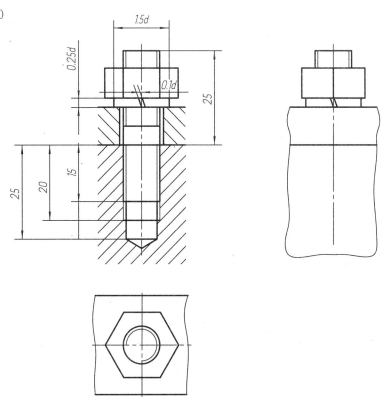

图 6-12　双头螺柱连接

2.4　螺钉连接的比例画法

螺钉按用途分为连接螺钉和紧定螺钉。连接螺钉用于连接受力不大，不经常拆卸的零件。被连接零件中，较薄的制有通孔，较厚的制有螺孔，螺钉穿过通孔拧入螺孔中。图 6-13(a)为开槽沉头螺钉连接前后的表达，连接时螺钉头部埋在被连接零件的沉孔内。图 6-13(b)为开槽圆柱头螺钉，头部在外。对于螺钉头部槽口的画法有如下规定：在反映螺钉轴线的视图上，槽口垂直于投影面；在螺钉头部投影为圆的视图上，槽口画成与中心线右倾斜成 $45°$。

螺钉旋入螺孔的深度 b_m 由被连接零件的材料决定，与双头螺柱相同。螺钉计算长度 $L_{计算}=$ 通孔零件的厚度$+b_m$，再查相关标准，确定螺钉公称长度 L。

紧定螺钉用于固定两零件的相对位置，使它们不产生相对运动。紧定螺钉的端部有平端、锥端、圆柱端等。图 6-14 中，用一开槽锥端紧定螺钉来固定轴和轮。

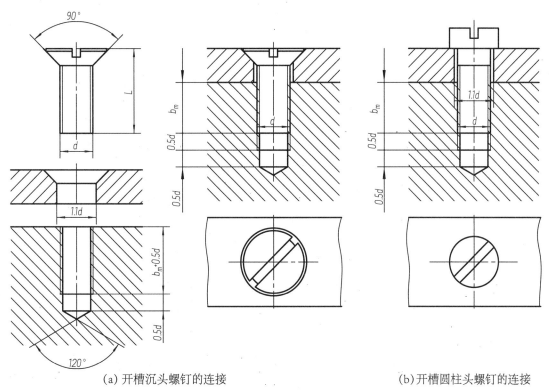

(a) 开槽沉头螺钉的连接   (b)开槽圆柱头螺钉的连接

图 6-13　螺钉连接

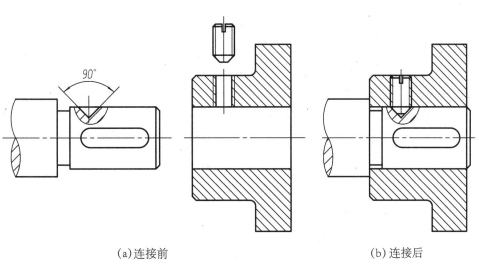

（a）连接前   （b）连接后

图 6-14　紧定螺钉的连接画法

第三节 键和销

3.1 键联结

键的作用是联结轴和轴上的传动零件，使它们不产生相对转动，并传递扭矩。图 6-15 所示用一平键联结轴和齿轮，联结时，将键嵌入轴上的键槽中，再将轴和键一起插入齿轮键槽孔中，从而使轴和齿轮联结并一起转动。

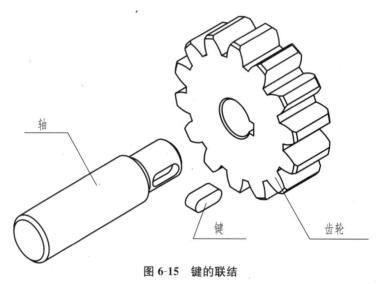

图 6-15　键的联结

键的种类很多，最常用的是普通平键。使用普通平键时，应分别在轴和轮毂上加工出键槽，键和键槽的尺寸由轴的直径决定，可查平键的国家标准（GB/T1095—2003、GB/T1096—2003）获得，参见附录。

图 6-16 是直径 $\phi35$ 的轴和轮毂通过键联结的表达，键和键槽的尺寸均查表得到，其中图 6-16a、6-16b 是轴和轮毂上键槽的表达；图 6-16c 表示的是 A 型普通平键；图 6-16d 是轴和轮用键联结后的表达，其画法应符合装配图的画法规定：剖切平面通过轴和键的轴线或对称面时，轴和键按不剖绘制。为表示联结情况，过轴线作一局部剖。键的两侧面与轴以及轮毂键槽的两侧面均接触，因此画一条线，键的顶面与轮毂键槽底面有间隙，因此画两条线。

普通平键的标记格式：名称 型式 宽×长 国标号 。普通平键有 A、B、C 三种型式，A 型平键标注时省略 A 字。因此，图 6-16 中的键应标记为：键 10×40 GB/T1096。

3.2 销联结

销用于确定零件之间的相互位置，也可以用于连接零件。常见的有圆柱销、圆锥销和开口销等，它们都属于标准件，可以查表获得有关尺寸。

图 6-17 为圆锥销的联结画法，此时，剖切平面通过销和轴的轴线，销和轴都按不剖绘制。为清楚地反映联结情况，再通过轴线作一局部剖。

销的标记格式是：名称 国标号 型式 公称直径×长度 。例如"销 GB/T117 8×40"，表示公称直径为 8（小端直径），长为 40 的 A 型圆锥销（省略 A 字）。

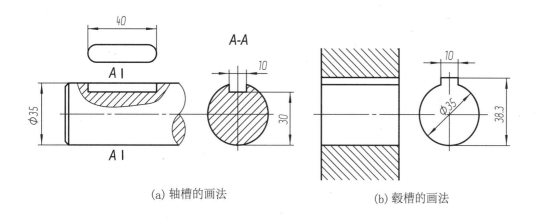

(a) 轴槽的画法　　　　　　　　　　　　　　(b) 毂槽的画法

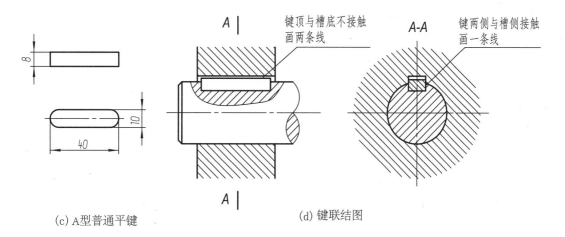

(c) A型普通平键　　　　　　　　　　　(d) 键联结图

图 6-16　键联结的画法

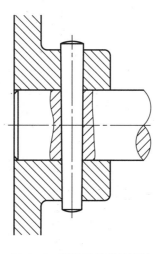

图 6-17　圆锥销的联结画法

第四节　齿　轮

齿轮是机器中常用的传动零件。通过一对齿轮的啮合，将一根轴的转动传递给另一根轴，从而完成动力传递、转速及旋向的改变。

常见的齿轮传动形式有：

圆柱齿轮——用于两平行轴之间的传动，如图 6-18(a) 所示。

圆锥齿轮——用于两相交轴之间的传动，如图 6-18(b) 所示。

蜗杆蜗轮——用于两交叉轴之间的传动，如图 6-18(c) 所示。

(a) 圆柱齿轮　　　　　　(b) 圆锥齿轮　　　　　　(c) 蜗杆蜗轮

图 6-18　常见的齿轮传动

其中应用较为广泛的是圆柱齿轮传动。圆柱齿轮轮齿的齿向有直齿、斜齿和人字齿等。轮齿齿廓曲线最常见的为渐开线。各种齿轮传动的规范画法均有国家标准规定，现以直齿圆柱齿轮为例介绍轮齿各部分名称、尺寸计算、规定画法及齿轮工作图的图样格式。

4.1　直齿圆柱齿轮各部分名称、代号及尺寸计算

直齿圆柱齿轮各部分名称及代号如图 6-19(a) 所示，图 6-19(b) 是一对相互啮合的直齿圆柱齿轮啮合区的示意图。

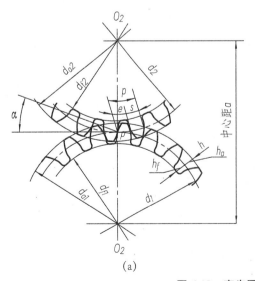

(a)　　　　　　　　　　　　　　　　　　(b)

图 6-19　直齿圆柱齿轮各部分名称及代号

（1）齿顶圆　通过轮齿顶部的圆，其直径用 d_a 表示。

（2）齿根圆　通过轮齿根部的圆，其直径用 d_f 表示。

（3）分度圆　齿厚与槽宽相等处的圆，其直径用 d 表示。分度圆是设计、制造齿轮时各部分尺寸计算的基准圆。

（4）齿距　分度圆上相邻两齿廓对应点之间的弧长，用 p 表示。齿距等于齿厚与槽宽之和。

（5）模数 m　以 z 表示齿轮的齿数，分度圆周长＝$\pi d = zp$，即 $d = zp/\pi$。令 $p/\pi = m$，则 $d = mz$。为了设计与加工的方便，模数的数值已标准化，见表 6-3。设计、制造齿轮的重要参数。模数越大，齿轮的承载能力也越大。

表 6-3　标准模数（单位/mm）

第一系列	1 1.25 1.5 2 2.5 3 4 5 6 8 10 12 16 20 25 32 40 50
第二系列	1.75 2.25 2.75 (3.25) 3.5 (3.75) 4.5 5.5 (6.5) 7 9 (11) 14 18 22 28 36 45

（6）齿高、齿顶高、齿根高　齿高是齿顶圆与齿根圆之间的径向距离，用 h 表示。分度圆将齿高分成两部分：齿顶圆与分度圆之间的径向距离为齿顶高 h_a，分度圆与齿根圆之间的径向距离为齿根高 h_f。

（7）齿形角　两个相啮合的轮齿齿廓在节点处的公法线方向和两分度圆的公切线之间所夹锐角，用 α 表示。标准齿轮齿形角是 20°。

（8）中心距　一对啮合齿轮轴线之间的距离，用 a 表示。

（9）传动比　主动轮转速（n_1）与被动轮转速（n_2）之比，用 i 表示。

直齿圆柱齿轮各部分的尺寸计算见表 6-4。

表 6-4　直齿圆柱齿轮尺寸计算

名称	代号	计算公式
分度圆直径	d	$d = mz$
齿顶高	h_a	$h_a = m$
齿根高	h_f	$h_f = 1.25m$
齿高	h	$h = h_a + h_f = 2.25m$
齿顶圆直径	d_a	$d_a = d + 2h_a = m(z+2)$
齿根圆直径	d_f	$d_f = d - 2h_f = m(z-2.5)$
中心距	a	$a = (d_1 + d_2)/2 = m(z_1 + z_2)/2$
传动比	i	$i = n_1/n_2 = z_2/z_1$

4.2　直齿圆柱齿轮的画法

（1）单个齿轮

国家标准对轮齿部分的画法作了规定：如图 7-20（a）、7-20（c）所示，在表达外形的视图中，齿顶圆用粗实线绘制；分度圆用细点画线绘制；齿根圆用细实线绘制或省略不画。如图 7-20（b）所示，在剖视图中，轮齿部分按不剖处理，齿顶圆用粗实线绘制；分度圆用细点画线绘制；齿根圆用粗实线绘制。轮齿以外的其它结构，按其真实投影绘制。

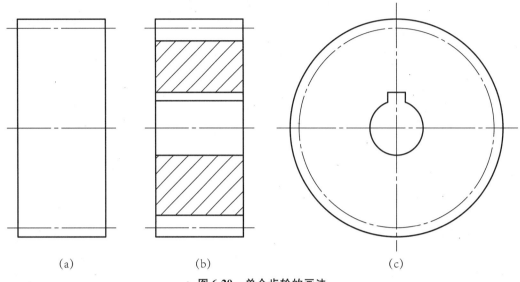

(a)   (b)   (c)

图 6-20   单个齿轮的画法

(2)啮合画法

如图 6-21(c)所示，在投影为圆的视图上，两齿轮分度圆相切，用细点画线绘制，齿顶圆用粗实线绘制(啮合区内的齿顶圆也可省略)，齿根圆用细实线绘制或省略不画。如图 6-21(a)所示，在投影不为圆的视图上，啮合区的齿顶圆和齿根圆不画，分度圆用粗实线绘制。如图6-21(b)所示，在剖视图中，轮齿部分仍按不剖处理，在啮合区，两分度圆重叠在一根细点画线上，两齿根圆均用粗实线绘制，一个齿轮(常为主动轮)的齿顶圆用粗实线绘制，另一个齿轮的齿顶圆用细虚线绘制。

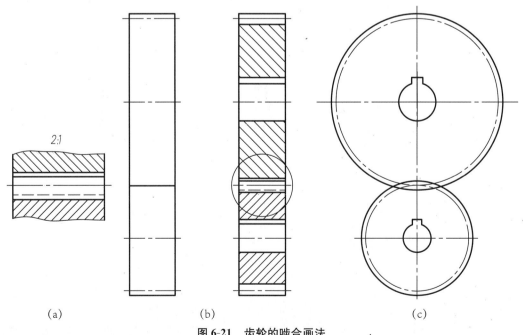

(a)   (b)   (c)

图 6-21   齿轮的啮合画法

（3）齿轮工作图的图样格式

直齿圆柱齿轮工作图的图样格式如图 6-22 所示。根据该齿轮的结构特点，其视图表达采用全剖的主视图，另用局部视图表达齿轮轴孔的键槽宽度。齿轮的分度圆直径、齿顶圆直径、轮齿宽度等尺寸直接标注在视图上，齿根圆直径不标注。齿轮的模数、齿数等基本参数标注在图纸右上角的参数表内。参数项目可根据需要增减，检验项目按功能要求而定。此外，还应用文字、规定符号标注齿轮材料的热处理、齿轮制造的精度等技术要求。

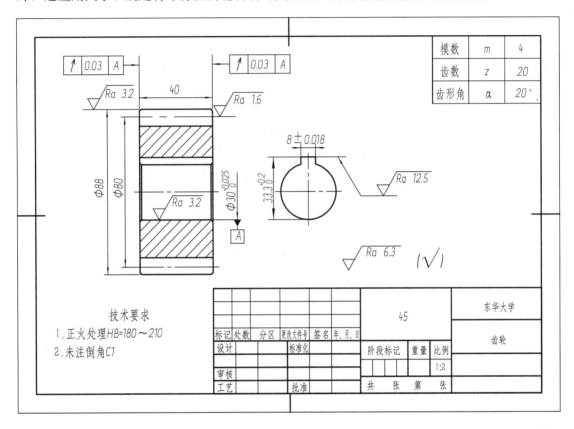

模数	m	4
齿数	z	20
齿形角	α	20°

技术要求
1. 正火处理 HB=180～210
2. 未注倒角 C1

标记	处数	分区	更改文件号	签名	年、月、日		45		东华大学
设计			标准化						齿轮
审核						阶段标记	重量	比例	
工艺			批准			共 张 第 张		1:2	

图 6-22 齿轮工作图

第七章 零 件 图

表达零件结构形状、尺寸大小和技术要求的图样称零件图，是制造零件的依据。装配成一台机器或部件的零件分为一般零件、常用件和标准件。一般零件是根据在机器或部件中的作用，并结合制造工艺来确定其结构形状的；常用件因为经常使用，所以部分结构和尺寸已标准化，如直齿圆柱齿轮；标准件的结构形状、尺寸大小以及表示法都遵循国家标准规定，不必再画零件图，而一般零件和常用件就必须画零件图，作为零件制造和检验的技术依据。

如图 7-1 所示，一张完整的零件图应包括以下几方面内容：

（1）一组图形

综合运用图样的各种表示法，简明而准确地表达零件内、外结构和形状。

（2）零件尺寸

正确、完整、合理、清晰地标注出制造和检验零件时所需的全部尺寸。

（3）技术要求

用文字、规定符号等表明制造和检验零件时应达到的质量要求，如尺寸公差、几何公差、表面结构、热处理等。

（4）标题栏

用文字或符号填写零件的名称、材料、制图比例、制图（设计）人员姓名等信息。标题栏在图纸的右下角，按国家标准规定的格式填写。在平时练习时也可以用简易的标题栏。

第一节　零件图的视图表达

零件图中所包含的一组图形，应将零件的内、外结构和形状全部表达清楚，同时，应考虑画图简便、识图容易，尺寸标注齐全。

1.1　视图选择的一般原则

（1）主视图的选择

主视图是表达零件形状、结构的最重要的一个视图，画图时最先考虑的应该是主视图。选择零件主视图的原则包括两点：第一，主视图中零件的放置位置应尽量与零件的加工位置或工作位置一致；第二，主视图投影方向应是反映零件形状、结构特点最明显的方向。

（2）其他视图的选择

主视图确定以后，再根据零件的结构特点和复杂程度考虑其他视图的数量和表达方式。每个视图都应有表达重点，应用最简便易懂的方法配合主视图将零件的内外结构形状反映清楚。

1.2 典型零件的视图表达

根据结构特点一般零件大致可分为四类：轴套类、盘盖类、叉架类和箱体类。表 7-1 中列出了这四类零件通常的结构特点及视图表达方法。同一零件的视图表达方案可以有多种，应根据该零件的结构特点选择最合适的表达方法。

表 7-1　典型零件的视图选择

	结构特点	主视图选择	视图表达方法
轴套类零件	该类零件的主体结构为同轴回转体。常有键槽、倒角、退刀槽等结构。	加工方法主要是车削，按加工位置将其轴线水平放置。一般小端在右，以利于加工看图。	一般用主视图表达零件主要的结构，用断面图、局部剖或局部放大图表示一些较细小结构。
盘盖类零件	该类零件多呈扁平状，常有键槽、轮辐及均匀分布的孔等结构。	零件以车削加工为主，则按加工位置将其轴线水平放置，否则按工作位置放置零件。	一般需两个或以上视图，主视图用剖视表达空腔结构，另一视图表达外形。
叉架类零件	该类零件一般由工作部分、安装（或支承）部分和连接部分组成。常有孔、肋等结构。	加工方法较多，其加工位置多变。通常按零件的工作位置选择主视图的投影方向。	一般需要两个及以上视图，常用局部剖视图以及斜视图、断面图等。
箱体类零件	该类零件结构较复杂，常有空腔、安装板、肋板、螺纹孔或光孔等结构。	加工位置和方法较多，其加工位置多变。通常按零件的工作位置选择主视图的投影方向。	需要的视图数量较多。常用各种剖视表达内腔，也常用局部视图、局部剖视图等反映细部结构。

图 7-1 所示的轴套类零件"轴"，按加工位置将轴水平放置。从主视图上可以看出该轴的直径变化和各轴段的长度，主视图还反映了键槽的形状以及倒角、退刀槽等结构。由于在尺寸标注时已用了"ϕ"，因此只需一个主视图就能表达该零件是由直径不等的同轴圆柱体组成。断面图用于表示键槽的结构尺寸。

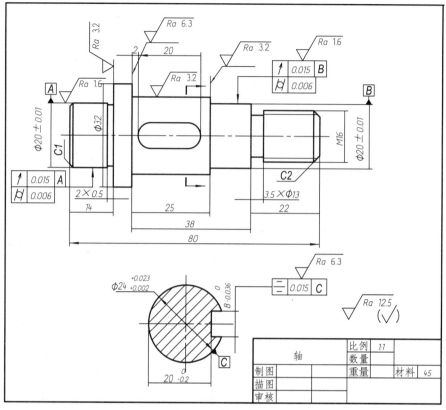

图 7-1　轴零件图

图 7-2 所示的盘盖类零件"泵盖"，用两个视图表示。零件的轴线水平放置作为主视图的投影方向，主视图采用全剖，表达泵盖的空腔结构，左视图表达泵盖的外形。

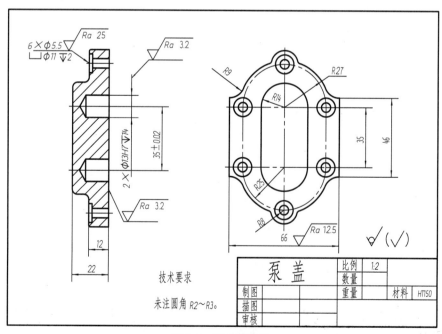

技术要求

未注圆角 R2~R3。

图 7-2　泵盖零件图

图 7-3 所示的箱体类零件"阀体",主视图的投影方向是按其工作位置确定的。主视图用局部剖表达阀体的内腔结构,俯视图以 A-A 全剖视反映凸台上的 M15 螺孔及底板的外形。由于该零件较为复杂,因此,除了用主、俯视图表达部分其外形之外,又用了两个局部视图 B 和 C 表达部分外形。

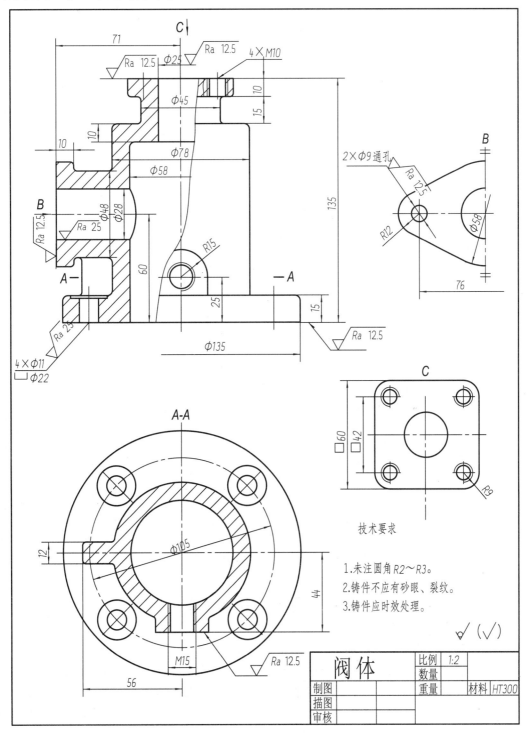

图 7-3　阀体零件图

图 7-4 所示的叉架类零件"轴承座"，主视图投影方向是按其工作位置确定的。主视图主要表达了轴承孔、底板及中间连接部分的相对位置，并用局部剖视表达底板上的安装孔。左视图采用全剖视图，重点表达 $\phi30$ 支承孔、凸台中的 $\phi8$ 孔以及连接部分的肋板等结构。俯视图以表达底板外形为主，因此采用 A-A 剖视，以方便和简化图形的表达。

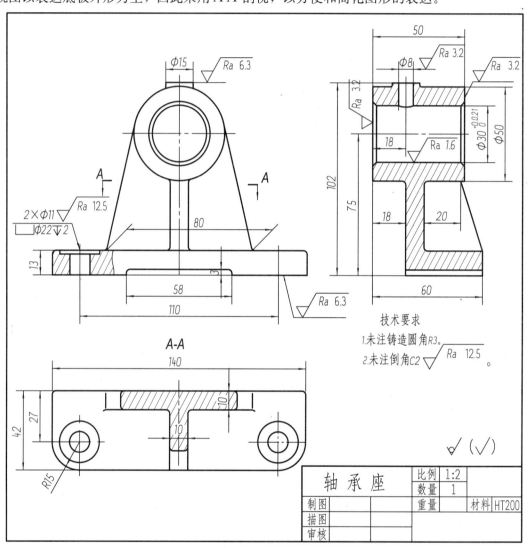

图 7-4 轴承座零件图

第二节 零件图的尺寸标注

零件图上的尺寸是零件在加工和检验时的技术依据。零件图的尺寸标注除了要达到正确、完整、清晰的基本要求之外，还应尽可能合理，也就是说零件图上所注的尺寸既能满足设计要求，又能给零件的加工、测量带来方便。尺寸标注要达到合理，需要有较多的机械设计、制造等方面的知识以及一定的生产实践经验，这里只是介绍一些合理标注尺寸的初步知识。

2.1 尺寸基准的选择

在零件图上要合理地标注尺寸，首先应选好尺寸基准。尺寸基准是度量尺寸的起点，通常可以选择零件的主要轴线、安装面、装配结合面、对称面、重要端面等作为基准。在零件的长、宽、高三个方向都应有一个主要基准。有时为了便于加工和测量，还可以选定一些辅助基准，在辅助基准和主要基准之间应有尺寸相联系。

对于前面所述的典型零件的尺寸基准可以这样选择：轴套类零件可以选择重要的端面、装配接触面（轴肩）等作为长度方向（轴向）尺寸基准；宽度和高度方向（径向）的尺寸基准则选择轴线。盘盖类零件可以选择经过加工的大端面、装配接触面、圆盘的轴线等作为尺寸基准。叉架类和箱体类零件可以选择主要孔的轴线、对称面、安装底面或其他较大的加工平面作为尺寸基准。例如在图7-4轴承座零件中，长度方向以左右对称面为尺寸基准，如标注底板上两安装孔的定位尺寸110，使两孔之距离保证对轴孔的对称；宽度方向以零件最后的端面为尺寸基准，如标注$\phi8$小孔的定位尺寸18；高度方向以底面为尺寸基准，如标注轴孔的高度75。

2.2 考虑加工与测量的方便

尺寸标注不仅要符合设计要求，还要便于加工与测量，如图7-5所示。

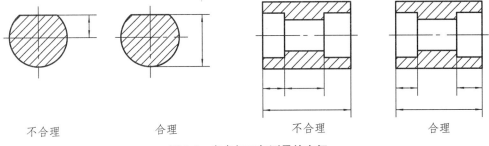

不合理　　　　合理　　　　　　不合理　　　　合理

图7-5 考虑加工与测量的方便

2.3 尺寸链的处理

在图7-6(a)中，尺寸A、B和C首尾相连，组成了一个封闭的尺寸链，这样的标注是不合理的。因为零件在加工过程中，必然存在着误差，在设计时应根据各个尺寸的重要程度，给定加工时允许的制造误差。若注成图7-6(a)所示的封闭尺寸链形式，等同于对尺寸链的所有尺寸都提出了精度要求，加工时无法达到这样的要求。因此，标注尺寸时应将重要的尺寸直接注出，而将不太重要的尺寸空着不注，使得加工误差集中在这个尺寸段上。例如可以注成图7-6(a)的形式。

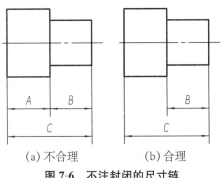

(a) 不合理　　　　(b) 合理

图7-6 不注封闭的尺寸链

零件上常见结构要素的尺寸标注形式可参考表 7-2。

表 7-2 常见结构要素的尺寸标注

零件结构类型	标 注 方 法	说 明
螺纹通孔	3×M6	3×M6 表示直径为 6 有规律分布的三个螺孔。可以旁注，也可以直接注出。
螺纹不通孔	3×M6 ▽10孔▽12	螺孔深度可与螺孔直径连注，也可分开注出。符号 ▽ 表示深度。
一般孔	4×φ5▽12	4×φ5 表示直径为 5 有规律分布的四个光孔。孔深可与孔径连注，也可分开注出。
锥销孔	2×锥销孔φ5 配作	φ5 是和锥销孔相配的圆锥销小头直径。锥孔通常是相邻两零件装配后一起加工的。
锥形沉孔	6×φ7 ∨φ13×90°	6×φ7 表示直径为 7 有规律分布的六个孔。锥形沉孔的尺寸可旁注，也可直接注出。符号 ∨ 表示锥形沉孔。
柱形沉孔	4×φ6 ⊔φ10▽3.5	4×φ6 的意义同上。柱形沉孔的直径 φ10 和深度 3.5，均需注出。符号 ⊔ 表示柱形沉孔。
锪平面	4×φ7 ⊔φ16	锪平面 φ16 的深度不需注出，一般锪平到不出现毛面为止。锪平面的符号也是 ⊔。

（续表）

零件结构类型	标 注 方 法	说 明
平键键槽	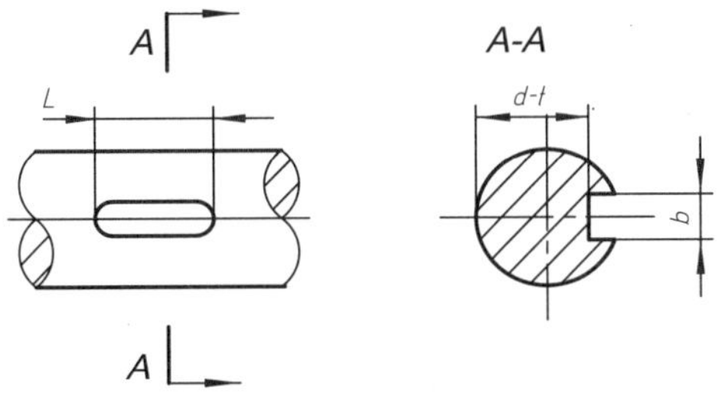	标注 d-t 便于测量。
退刀槽	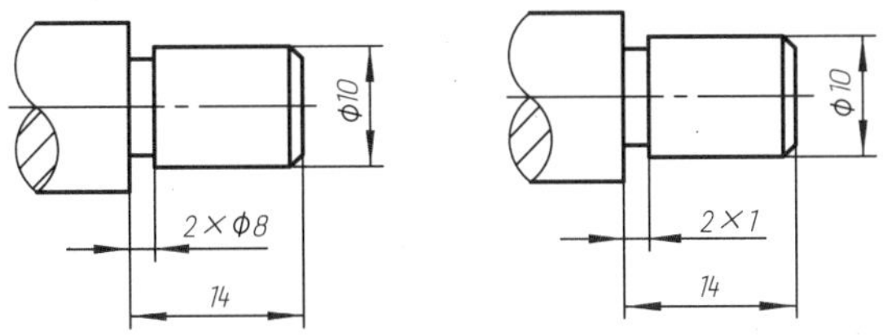	退刀槽可按"槽宽×直径"标注，也可按"槽宽×槽深"标注。
倒角	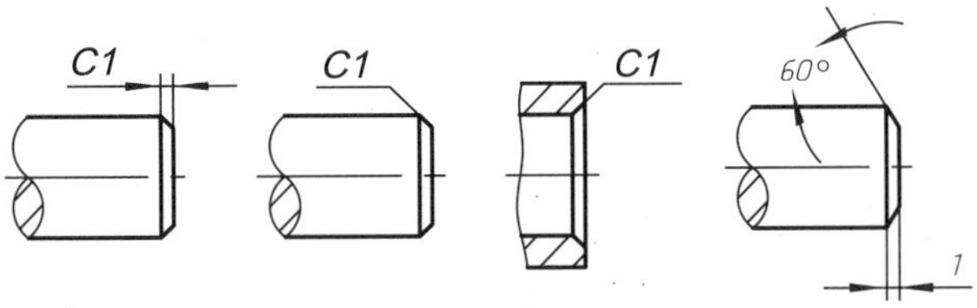	倒角是 45°时，代号 c 和轴向尺寸连注。倒角不是 45°时，要分开标注。

第三节　零件图上的技术要求

零件是及其的制造单元。依据零件图，可以实现由材料到零件实体的生产过程，因此零件图上除了有视图表达图形和尺寸外，还应该根据零件的功能对零件的制造过程提出相应的要求，这些要求统称技术要求。技术要求通常包括零件的表面结构、极限与配合公差、几何公差等，他们都是衡量和控制零件质量的重要技术指标。

3.1　表面结构

（1）表面结构的概念

零件表面在加工过程中，由于机床和刀具的振动，材料的不均匀以及不同加工方法等因素的影响，在放大镜或显微镜下观察，可以看出其轮廓具有图 7-7 所示的较大波浪状起伏和微小间距的峰谷。将处于特定波长范围内的波浪状表面结构轮廓定义为波纹度轮廓（W 轮廓）；将处于特定细小波长范围内的，具有微小间距峰谷的微观几何形状定义为粗糙度轮廓（R 轮廓）。实际表面轮廓是由粗糙度轮廓、波纹度轮廓和原始轮廓叠加而成的。表面结构参数泛指粗糙度参数、波纹度参数和原始轮廓参数。表面结构参数对零件的耐磨性、抗腐蚀性、密封性、抗疲劳能力都有影响。

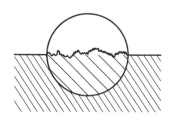

图 7-7 表面轮廓局部放大

（2）表面结构参数代号

表面结构参数代号是由轮廓代号和特征代号组成。轮廓代号有 3 种：粗糙度轮廓 R、波纹度轮廓 W 和原始轮廓 P。特征代号有 14 种，其中最常用的是：轮廓的算术平均偏差 a 和轮廓的最大高度 z。在图样上标注对表面结构的要求时，应在表面结构参数代号后面写出极限值。所注的极限值默认为相应参数的上限值，以微米为单位，现已标准化，如表 7-3 所示为表面结构的基本数值系列，另还有补充系列。选用时应综合考虑零件表面功能要求和生产的经济性要求。

表 7-3　表面结构要求的基本数值系列（μm）

0.012	0.025	0.05	0.1	0.2	0.4	0.8
1.6	3.2	6.3	12.5	25	50	100

（3）表面结构在图样上的标注方法

在图样上标注表面结构代号时，应在表面结构图形符号中注写了具体参数代号及极限值。表 7-4 列出了几种国家标准规定的图形符号。机械图样上常用的表面结构代号是粗糙度轮廓的算术平均偏差 Ra。Ra 值越大，则表面越粗糙，加工的成本就越低，一般用于不重要的表面。Ra 值越小，则表面越光滑，加工的成本就越高，多用于重要的配合面。

表 7-4　表面结构图形符号

符号	含义
✓	基本图形符号，未指定工艺方法的表面，当通过一个注释解释时可单独使用
✓	扩展图形符号，用去除材料方法获得的表面，如通过机械加工获得的表面
✓	扩展图形符号，不去除材料的表面，也可用于表示保持上道工序形成的表面，不管这种状况是通过去除材料或不去除材料形成的
✓✓✓	完整图形符号，加一横线注写表面特征有关信息

在机械图样上标注表面结构时应遵循以下规则：

规则1：表面结构要求在同一图样上，每一表面一般只标注一次，所标注的表面结构要求是对完工零件表面的要求。表面结构的注写和读取方向与尺寸的注写和读取方向一致，如图7-8(a)所示。

规则2：表面结构要求可标注在轮廓线或延长线上，其符号应从材料外指向并接触表面。必要时，表面结构可用带箭头或黑点的指引线引出标注，如图7-8(a)、7-8(b)所示。

规则3：表面结构要求可标注在给定的尺寸线上，如图7-8(c)所示；表面结构要求也可标注在几何公差框格的上方，如图7-8(d)所示。

规则4：如果工件的多数(包括全部)表面有相同的表面结构要求时，可统一标注在图样的标题栏附近，符号后面的括号内给出基本符号(全部表面有相同要求的情况除外)，如图7-8(e)所示。

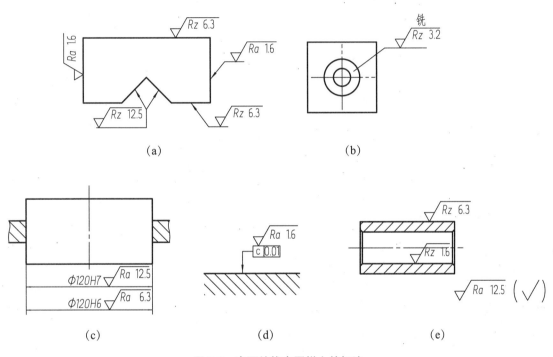

图7-8　表面结构在图样上的标注

3.2　极限与配合的相关概念

(1)概念及基本术语

组装机器时，在一批同样的零件中任取一个，不经过再加工就装入机器，便能满足机器的性能要求；修理机器时，把同样规格的任一零件配换上去，便能使机器正常运转。零件的这种可以替换使用的特性称"零件的互换性"。零件的互换性不但给机器组装、修理带来方便，更重要的是为机器的现代化生产提供了可能性。

为保证零件的互换性要求，同时减少生产成本，必须将零件尺寸的加工误差限制在一定范围内，规定尺寸一个允许的变动范围，这便形成了极限与配合。国家标准对极限与配合的基本术语、代号及标注都作了规定。表7-5列出了极限与配合的基本术语。

表 7-5 极限与配合的基本术语

名称		解释	示例	
			孔： 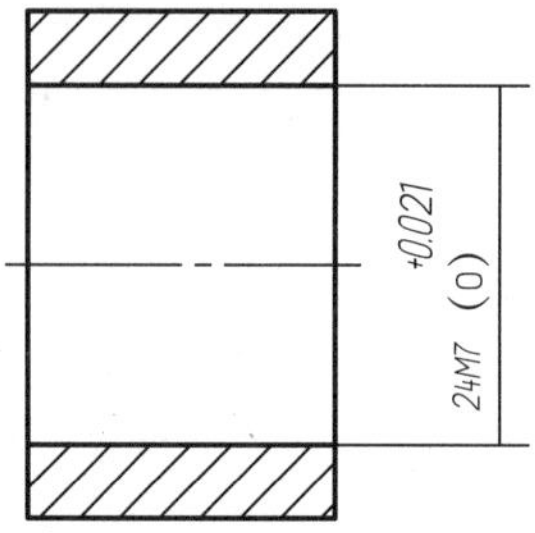	轴： 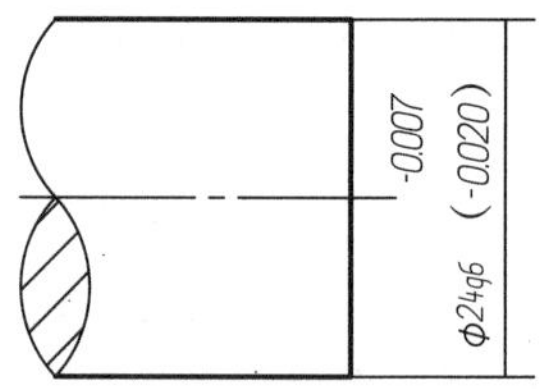
公称尺寸		设计时给定的尺寸	24	24
实际尺寸		测量所得的尺寸		
极限尺寸	上极限尺寸	允许尺寸变化的两个极限值中较大的一个尺寸	24.021	23.993
	下极限尺寸	允许尺寸变化的两个极限值中较小的一个尺寸	24	23.98
尺寸偏差（简称偏差）		某一尺寸（实际尺寸、极限尺寸等）减去其公称尺寸所得的代数差		
极限偏差	上极限偏差ES(孔)、es(轴)	上极限尺寸减公称尺寸所得的代数差	+0.021	−0.007
	下极限偏差ES(孔)、es(轴)	下极限尺寸减公称尺寸所得的代数差	0	−0.02
尺寸公差（简称公差）		允许尺寸的变动量 公差＝上极限尺寸−下极限尺寸 公差＝上极限偏差−下极限偏差	0.021	0.013
公差带		由代表上下极限偏差的两条直线所限定的区域		
公差带图		反映公称尺寸、上、下极限偏差、尺寸公差之间关系的示意图。图中零线表示公称尺寸，零线以上为正偏差，零线以下为负偏差。	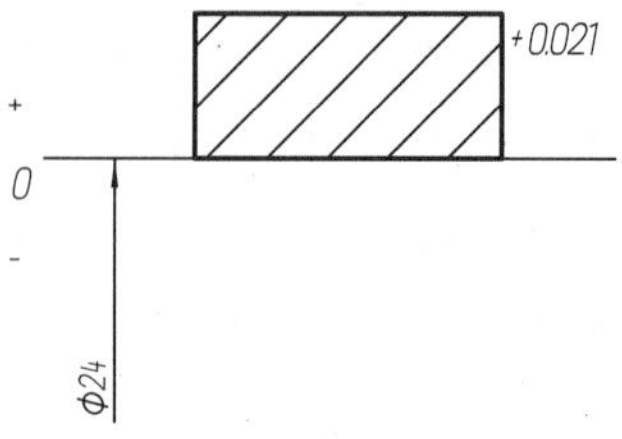	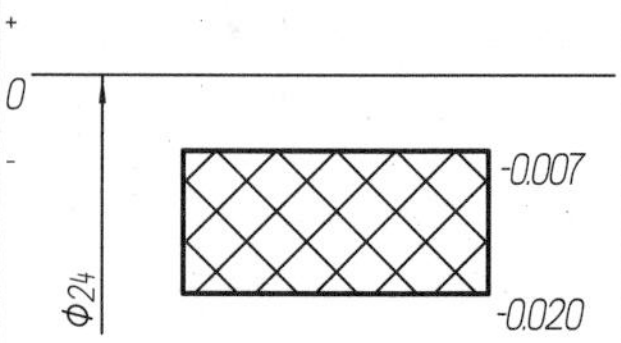

（2）标准公差

标准公差是指国家标准规定的数值，用以确定公差带的大小。标准公差由公称尺寸和公差等级确定，用 IT 表示，分为 20 个等级，即 IT01、IT0、IT1～IT18，其等级由高到低，尺寸精度也是由高到低。当公称尺寸相同时，公差等级越高，公差值越小，尺寸精度也就越高；当公差等级相同时，公称尺寸越大，公差值越大。一般 IT01～IT11 用于配合尺寸，IT12～IT18 用于非配合尺寸。公差等级的选用原则是，在满足使用要求的前提下，尽可能选用较低的等级，以降低生产成本。

（3）基本偏差

基本偏差用来确定公差带相对于零线位置的上极限偏差或下极限偏差，一般为靠近零线的那个偏差。国家标准规定了包括孔和轴各 28 个基本偏差系列，其代号用字母表示，其中大写字母表示孔，小写字母表示轴。图 7-9 是基本偏差系列示意图，从图中可以看出：位于零线以上的公差带，其基本偏差为下偏差，孔从 A～H，轴从 j～zc；位于零线以下的公差带，其基本偏差为上偏差，孔从 J～ZC，轴从 a～h。基本偏差代号 H（h）处于零线位置，表示下（上）偏差为零，即基本偏差为零。公差带封闭的一端用于确定与零线的位置，而另一端开口，由标准公差来限定。一般基本偏差与标准公差互相独立，没有关系。但 J（JS）和 j（js）的公差带对称分布于零线两侧，上、下偏差分别为＋IT/2、−IT/2。

标准公差确定了公差带的大小，基本偏差确定了公差带相对于零线的位置，两者都已标准化了。因此，孔和轴的公差带代号由基本偏差代号和公差等级代号共同组成。例如尺寸 φ40f7 中公差带代号 f7 由基本偏差代号 f 和公差等级代号 7 组成。

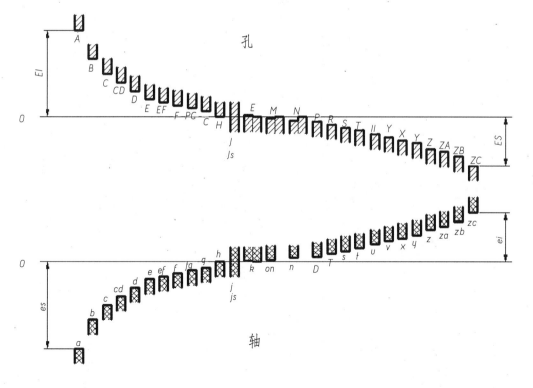

图 7-9 基本偏差示意图

(4)配合性质

公称尺寸相同的相互结合的孔和轴公差带之间的关系称"配合"。由于使用要求的不同，孔和轴之间的配合有时需要松，有时需要紧。因为孔和轴的公称尺寸相同，所以它们配合的松与紧就体现在它们的公差带上。根据孔、轴公差带的相对位置，可将配合性质分为以下三钟：

间隙配合如图 7-10(a)所示，孔的公差带完全在轴的公差带之上。间隙配合时，任取一对孔与轴装配，总是具有间隙(包括最小间隙为零)。

过盈配合如图 7-10(b)所示，轴的公差带完全在孔的公差带之上。过盈配合时，任取一对孔与轴装配，总是具有过盈(包括最小过盈为零)。

过渡配合如图 7-10(c)所示，孔与轴的公差带互相交叠。过渡配合时，任取一对孔与轴装配时，可能有间隙，也可能有过盈。

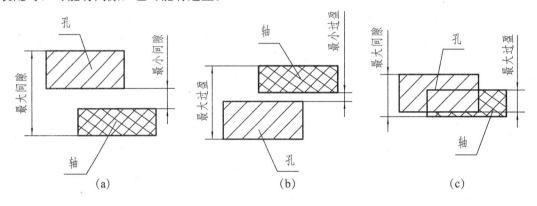

图 7-10　配合的分类

(5)基孔制和基轴制

国家标准规定了两种配合基准制：基孔制和基轴制。

基本偏差代号为 H 的孔的公差带，与不同基本偏差的轴的公差带形成各种配合的一种制度，如图 7-11(a)所示。此时孔称"基准孔"。

基本偏差代号为 h 的轴的公差带，与不同基本偏差的孔的公差带形成各种配合的一种制度，如图 7-11(b)所示。此时轴称"基准轴"。

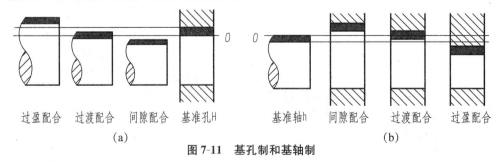

图 7-11　基孔制和基轴制

在基孔制中，不同基本偏差的轴公差带与基准孔 H 形成三类配合。其中基本偏差为 $a \sim h$ 的轴与基准孔 H 形成间隙配合；基本偏差为 $j \sim zc$ 的轴与基准孔 H 形成过渡或过盈配合。

在基轴制中，不同基本偏差的孔公差带与基准轴 h 也形成三类配合。其中基本偏差为 $A \sim H$ 的孔与基准轴 h 形成间隙配合；基本偏差为 $J \sim ZC$ 的孔与基准轴 h 形成过渡或过盈配合。

(6)标注

对应图 7-12 中的轴和轴套各自的零件图，常见尺寸公差标注形式有三种：

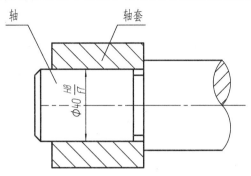

图 7-12 装配图中的标注

第一种是标注公差带的代号，即由基本偏差代号和公差等级代号组成，如图 7-13（a）所示；

第二种是标注极限偏差。为了测量的方便，直接将极限偏差标注在基本尺寸的右边。此时，上极限偏差应注在公称尺寸的右上方，下极限偏差应与公称尺寸注在同一底线上。偏差数值的字体要比公称尺寸数字的字体小一号，偏差数值前加正负号（偏差为零时除外），如图 7-13（b）所示；

第三种是同时标注公差带的代号和极限偏差。此时极限偏差注在圆括号内。如图 7-13（c）所示。

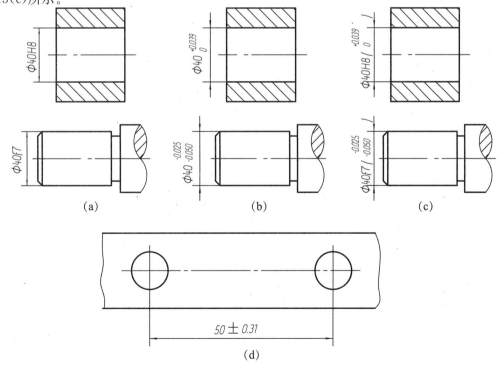

图 7-13 零件图中的标注

当如图 7-12 中的轴和轴套配合完成后在同一张图形中表达时，一般标注配合代号，配合代号用分数的形式注出，分子位置注孔的公差带代号，分母位置注轴的公差带代号。图 7-12 表示轴与轴套装配在一起，它们的公称尺寸为 $\phi40$，配合尺寸中，H8 为轴套（孔）的公差带代号，其基本偏差为 H，公差等级 8 级；$f7$ 为轴的公差带代号，其基本偏差为 f，公差等级 7 级。采用的是基孔制、间隙配合。

当上极限偏差和下极限偏差的绝对值相同时，可以按图 7-13(d)标注，此时偏差数字与公称尺寸数字高度相同。

标注极限偏差时，需要查阅国家标准《极限与配合(GB/T1800.4—1999)》，见附表，其中在公称尺寸的行和公差带代号的列相交处查得的上、下偏差值，单位为微米，在图中标注时应换算为毫米。

3.3　几何公差的标注

零件在加工过程中，除了尺寸会产生一定的误差，其形状、方向以及构成零件各部分的相对位置公差也会产生误差，这些误差统称为几何误差。合格零件必须保证其形状、方向和相对位置的准确性，才能满足零件的使用要求和装配的互换性。为限定加工时产生的几何误差而规定的各种几何特征的公差称为几何公差。几何公差分为形状公差、方向公差、位置公差和跳动公差四类，每一类又包含多种几何特征项目，每一项目都有规定的符号表示，以方便在图样上标注。几何公差的几何特征及符号见表 7-6。

表 7-6　几何特征及符号

公差类型	几何特征	符号	基准	公差类型	几何特征	符号	基准
形状公差	直线度	—	无	位置公差	位置度	⊕	有或无
	平面度	▱	无		同心度（用于中心点）	◎	有
	圆度	○	无				
	圆柱度	⌀	无		同轴度（用于轴线）	◎	有
	线轮廓度	⌒	无				
	面轮廓度	⌓	无		对称度	=	有
方向公差	平行度	∥	有		线轮廓度	⌒	有
	垂直度	⊥	有		面轮廓度	⌓	有
	倾斜度	∠	有	跳动公差	圆跳度	∕	有
	线轮廓度	⌒	有		全跳度	∠∕	有
	面轮廓度	⌓	有				

一般精度要求的零件，其几何公差可以通过尺寸公差予以保证，不需注出。对于需要标注几何公差的零件，标注时要指明被测要素、几何特征项目、公差值以及基准要素。标注的形式是带有指引线的公差框格，如图 7-14 所示。

h=字高

图 7-14 几何公差的标注形式

(1)公差框格

公差框格用细实线绘制，分两格或多格。按自左至右顺序，第一格中绘制几何特征项目符号；第二格中注写公差值，若公差带为圆形或圆柱形，则公差值前加注符合"φ"；有基准要求的几何公差，在第三格及以后各格中用大写字母注写基准名，如图 7-14 所示。

(2)被测要素

被测要素通过带一箭头的指引线指明。指引线可以从公差框格的任意一侧引出。当被测要素是轮廓线或轮廓面时，箭头指向该要素的轮廓线或延长线上，并与尺寸线明显错开，如图 7-15(a)所示；箭头也可指向被测面引出线的水平线上，如图 7-15(b)所示。当被测要素是中心线、中心面或中心点时，箭头应位于相应尺寸线的延长线上，如图 7-15(c)所示。

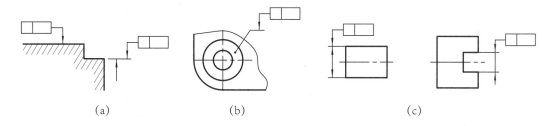

(a)   (b)   (c)

图 7-15 被测要素的标注

(3)基准

与被测要素相关的基准用一大写字母表示，字母注在基准方格内，与一个涂黑或空白的三角形相连以表示基准，同时在公差框格内写相同的字母。当基准要素是轮廓线或轮廓面时，基准三角形放置在该要素的轮廓线或延长线上，并与尺寸线明显错开，如图 7-16(a)所示，基准三角形也可放置在基准面引出线的水平线上，图 7-16(b)所示。当基准要素是中心线、中心面或中心点时，基准三角形应放置在相应尺寸线的延长线上；如果没有足够位置标注基准要素尺寸的两个尺寸箭头，则尺寸线的一个箭头可用基准三角形代替，图 7-16(c)所示。

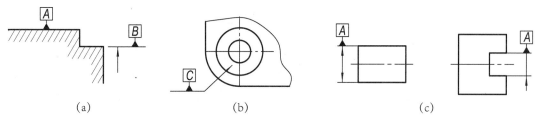

(a)   (b)   (c)

图 7-16 基准要素的标注

在零件图上，除了有技术标准规定的技术要求，用规定的符号、代号注写在图样上之外，其它的技术要求可以在标题栏附近以"技术要求"为标题，用文字进行说明。如零件毛坯的要求、零件材料的热处理要求、对有关结构要素的统一要求、对零件表面处理的要求等。

第四节　常见的零件工艺结构

零件的结构形状主要是根据零件在机器中的功能要求设计的，但也有部分结构是根据零件的加工和装配要求确定。这样的结构称"工艺结构"。下面介绍一些常见的工艺结构，供画图时参考。

4.1　与铸造工艺有关的工艺结构

(1)拔模斜度

在铸造过程中，为了便于将铸件从砂型中取出，铸件表面沿拔模方向都有一定的斜度，称"拔模斜度"，如图 7-17 所示。拔模斜度一般较小，在图中不必画出，也不必标注。必要时，可以在技术要求中予以说明。

(2)铸造圆角

铸件毛坯各表面相交处均有的圆角，称"铸造圆角"，如图 7-18 所示。该工艺是为了方便起模，以及防止铸件冷却时产生裂纹或缩孔。铸造圆角的尺寸一般在技术要求中注明，在视图上不用标注。当铸件经过切削加工后，一些圆角被切去，因此在零件图上，在经过切削加工的表面与其它表面的相交处，应画成尖角。

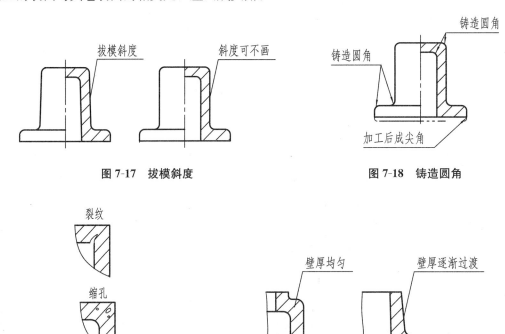

图 7-17　拔模斜度　　　　　　图 7-18　铸造圆角

图 7-19　裂纹和缩孔　　　　　　图 7-20　铸件壁厚

(3)铸件壁厚

若铸造零件的壁厚不均匀，浇铸后冷却速度就不相同，在厚薄突变处很容易产生裂纹或缩孔，如图 7-19 所示。因此在设计铸件时，壁厚应尽量一致，或均匀变化如图 7-20 所示。

4.2　与机械加工工艺有关的结构形状

(1)倒角和倒圆

为了装配和操作安全,在轴和孔的端部常加工出一小段圆锥面,称"倒角";在轴肩处为了避免因应力集中而产生裂纹,可用圆角过渡,称"倒圆",如图 7-21 所示,倒角和倒圆的尺寸选择可查阅有关手册。

(2)退刀槽和砂轮越程槽

在切削加工中,如车螺纹或磨削时,为了使刀具顺利退出,先在待加工面的末端加工出退刀槽或砂轮越程槽,如图 7-22 所示。该结构也使相关零件装配时容易靠紧端面。

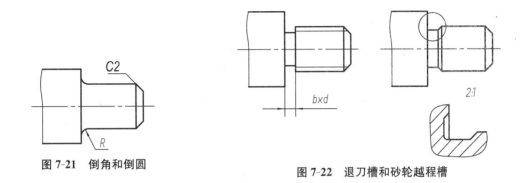

图 7-21　倒角和倒圆

图 7-22　退刀槽和砂轮越程槽

(3)凸台和凹坑

零件上与其他零件接触的表面,一般都需要经过机械加工。为了减少加工面积,保证两表面的良好接触,零件上常设计出凸台和凹坑,也可设计成凹槽和凹腔,如图 7-23 所示。

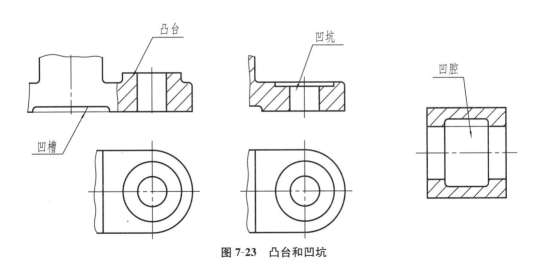

图 7-23　凸台和凹坑

(4)钻孔结构

用钻头钻出的盲孔,在底部形成 120°的锥坑,但不必标注,孔深不包括锥坑;用钻头钻出的阶梯孔,在过渡处形成 120°的锥台,孔深也不包括锥台,如图 7-24(a)。

钻孔时，孔的端面应与钻头轴线保持垂直，以避免孔偏斜和钻头折断，图 7-24（b）、图 7-24（c）所示。

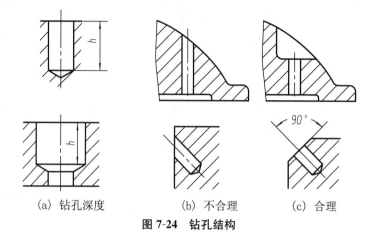

  (a) 钻孔深度   (b) 不合理   (c) 合理

图 7-24 钻孔结构

第八章 装 配 图

表达机器或部件的图样称"装配图"。装配图是由零件组装机器或部件的技术依据，在装配图中应反映出机器或部件的工作原理、零件之间的装配关系以及必要的尺寸和技术要求等，装配图是技术交流的重要文件。

第一节 装配图的画法

在现代产品设计过程中，通常先画装配图，再以装配图为依据，设计零件并画零件图。

如图 8-1 所示，一张完整的装配图应包括以下四部分内容：

第一部分：一组视图

用一般表达方法和特殊表达方法，正确、清晰地表达机器或部件的工作原理、零件之间的装配关系以及零件的主要结构形状等。

第二部分：必要的尺寸

在装配图中应标注出机器或部件的性能（规格）、部件或零件之间的配合、安装以及外形等尺寸。

第三部分：技术要求

说明机器或部件在装配、安装、使用等方面的要求。一般用文字表示。

第四部分：零部件序号、明细栏、标题栏

为了生产和管理上的需要，在装配图上按一定格式将零部件进行编号并填写明细栏。在标题栏中说明机器或部件的名称、图号、比例、设计单位、制图者、审核、日期等。

图 8-1 是千斤顶的装配图，它包括了以上四部分重要内容。

在表达机器或部件时，前面各章所介绍的各种方法同样适用，如基本视图、剖视图和断面图、局部放大图等。除此之外，国家标准还制订了装配图的规定画法和特殊表示法，装配图还有一些规定画法和特殊画法。

1.1 装配图的规定画法

国家标准对装配图规定画法主要有以下三点：

第一点：两个零件的接触面或配合面，规定只画一条粗实线。当相邻零件的基本尺寸不同时，即使间隙很小，也必须画出两条线。如图 8-2 中所示。

第二点：在剖视图中，相邻两金属零件的剖面线的倾斜方向应相反，或者方向一致、间隔不等。在各视图中，同一零件的剖面线倾斜方向与间隔应保持一致，如图 8-2 所示。

第三点：对于螺纹紧固件以及实心的轴、杆、键、销等零件，若剖切平面通过其对称平面或轴线时，则这些零件按照不剖绘制，如图 8-1 中的手柄、螺杆、紧定螺钉。如要特别说明这些零件的某些结构或装配关系，可采用局部剖视图，如图 8-1 中螺杆的牙型采用局部剖视图表达。

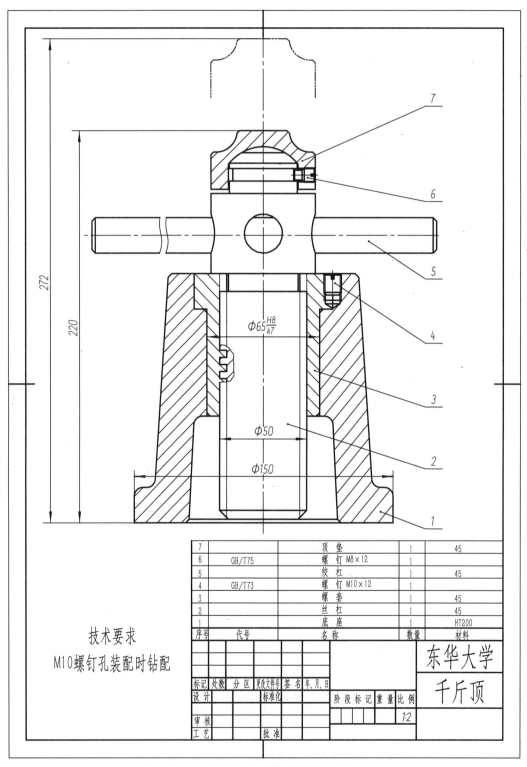

7		顶 垫	1	45
6	GB/T75	螺 钉 M8×12	1	
5		绞 杠	1	45
4	GB/T73	螺 钉 M10×12	1	
3		螺 套	1	45
2		丝 杠	1	45
1		底 座	1	HT200
序号	代号	名 称	数量	材料

技术要求
M10螺钉孔装配时钻配

东华大学
千斤顶

标记	处数	分 区	更改文件号	签 名	年,月,日		阶 段 标 记	重 量	比 例	
设 计			标准化							
审 核									1:2	
工 艺			批 准							

图 8-1   千斤顶装配图

1.2 装配图的特殊画法

(1)沿结合面剖切或拆卸画法

在装配图中，可假想沿某些零件的结合面剖切，如图 8-2 中的 A-A 剖切。沿结合面剖切时，结合面上不画剖面线。有时为了更清楚地反映装配关系，可假想拆去某些零件再进行表达。用拆卸画法，需在图上注明"拆去等"。

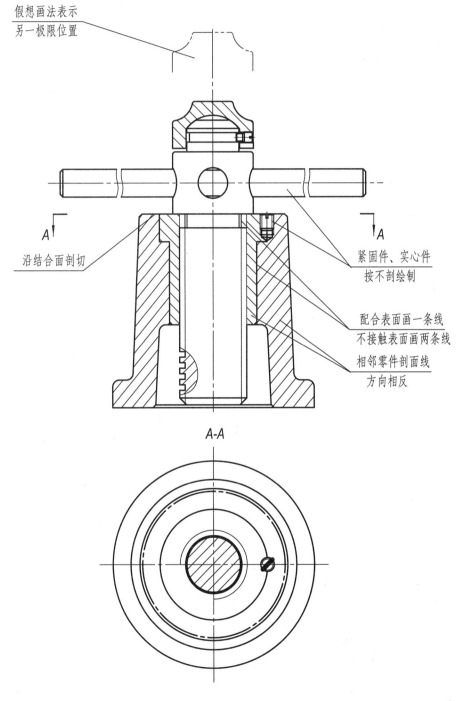

图 8-2　装配图的表达方法

（2）假想画法

为了表示运动零件的运动范围和极限位置，可以用双点画线画出轮廓。图 8-1 中的双点画线表示千斤顶的最高位置。有时当需要表达出本部件与相邻零部件的装配关系时，可以用双点画线画出相邻零部件。

（3）夸大画法

在装配图中，对微小的孔或间隙、薄片零件、细丝弹簧等，以及很小的斜度和锥度，允许不按比例而夸大地画出，如图 8-3 所示。

（4）简化画法

在装配图中，零件的工艺结构如圆角、倒角、退刀槽等，可以不画。对于若干相同的零件组，如螺栓连接等，可以只详细地画出一组或几组，其余的只须用点画线表示其装配位置，如图 8-3 所示。

1.3 装配图的视图选择

在画装配图之前，应对机器或部件的用途、性能、装配关系等作全面了解，以便于用合适的表达方案表达该机器或部件。主视图的选择应遵守以下原则：

原则 1：装配图中主视图的投影方向要符合机器或部件的工作位置；

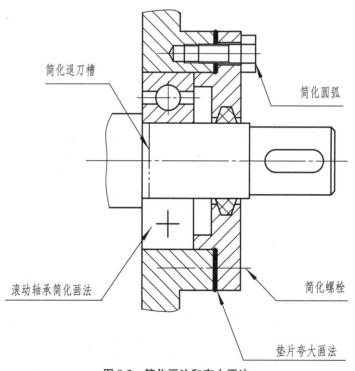

图 8-3　简化画法和夸大画法

原则 2：能清楚地表达机器或部件的工作原理和主要装配关系。所以主视图通常采用剖视图，剖切平面通过主要的装配干线；

原则 3：尽量表达出各零件的相对位置和构造特点。

主视图确定后，其他视图的选择是为了补充主视图中没有表达或表达得不很清楚的内容。如零件之间的相对位置和装配关系、机器或部件的工作状况、主要零件的结构形状等。

在图 8-1 千斤顶装配图中，主视图的方向按它的工作位置确定，并采用了全剖视图，剖切平面通过螺杆 2 的轴线，即千斤顶的装配干线，表达了千斤顶的工作原理，同时反映了底座 1 与螺套 3、螺套 3 与螺杆 2、螺杆 2 与顶垫 7 等的装配关系以及各螺钉的连接。主视图还表达了螺杆 2 等零件的形状结构。

第二节　装配图的尺寸和技术要求

装配图与零件图的作用不同，不需要标注出零件的所有尺寸。装配图中所要标注的尺寸主要包括以下五方面内容：

第一，特征尺寸(规格尺寸)

表示机器或部件规格的尺寸。如图 8-1 中的螺杆直径 $\phi50$。

第二，装配尺寸

表示零件之间的配合关系的配合尺寸，如图 8-1 中螺套与底座的配合尺寸 $\phi65H8/k7$；装配时需要保证的零件之间较重要距离的相对位置尺寸；某些零件需要装配后再加工的尺寸。

第三，安装尺寸

机器或部件安装时所需要的尺寸。

第四，外形尺寸

表示机器或部件外形轮廓的总长、总宽和总高，如图 8-1 中的 $\phi150$、222。该类尺寸为包装、运输及安装等提供依据。

第五，其他重要尺寸

除上述尺寸以外，在设计或装配时需要保证的尺寸。如图 8-1 中的极限高度 272。

在装配图的尺寸中，并不是每张装配图都必须具有以上五类尺寸，有些尺寸可能兼有两种性质，要根据具体情况而定。

在装配图上，除了用规定的代号、符号(如公差配合代号)外，还用文字表示技术要求。技术要求所包括的内容有以下四个方面：

(1)机器或部件在装配时的特殊要求和注意事项，如对间隙、过盈及个别结构要素的特殊要求。

(2)机器或部件在调试、检验、验收等方面的要求，如对校准、调试及密封的要求。

(3)机器或部件在性能、使用、维护等方面的要求，如噪声、耐振性、安全等要求。

(4)机器或部件在安装、包装、运输等方面的特殊要求。

在装配图上给出技术要求时，上述四个方面并非都是必备的，应根据表达对象的具体情况提出必要的技术要求。

第三节　装配图的部件序号和零件明细栏

为了方便读图、图纸管理以及生产的准备，对装配图中的每一个零、部件都必须编写序号，并在标题栏的上方填写与图中序号一致的明细栏(明细表)，或另附明细表。

3.1　装配图的部件序号

在装配图中，每一个零、部件都必须编写序号，在被标注的零、部件投影上画一圆点，引出指引线(细实线)，在指引线另一端画一水平线或圆(都为细实线)，并在水平线上或圆内写上序号，或直接在指引线另一端写序号。序号字高比装配图中尺寸数字的高度大一号或两号，如图 8-4 所示。对很薄的零件或涂黑的剖面，可在指引线末端画一箭头，指向该部分轮廓，如图 8-5 所示。在编写序号时需要注意以下若干点：

(1)装配图中相同的零件，无论件数有多少，只编一个号，不能重复。

(2)指引线不能相交，当通过剖面区域时，不应与剖面线平行。必要时指引线可以折一次如图 8-6 所示。

(3)序号应注在视图外面，按照水平或垂直方向排列整齐，并按顺时针或逆时针方向编写序号。

(4)对于一组紧固件或装配关系清楚的零件组，可采用公共指引线如图 8-7 所示。

(5)对于标准化的组件，如滚动轴承、电动机等，在装配图上只注一个序号。

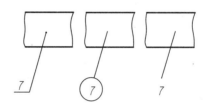

图 8-4　序号组成形式

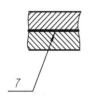

图 8-5　指引线末端的形式

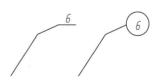

图 8-6　指引线的画法

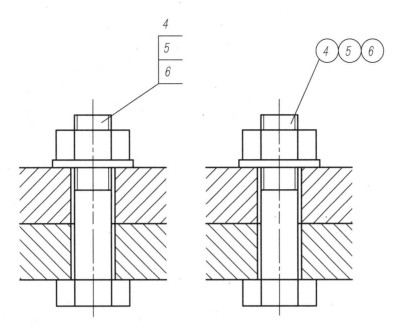

图8-7　公共指引线

3.2　装配图的明细栏

明细栏画在标题栏的上方，在明细栏中应列出全部零件的详细目录。零、部件的序号应由下而上填写。如果位置不够，可将明细栏分段画在标题栏的左方。在特殊情况下，装配图中可不画明细栏，而单独编列一张明细表。标准明细栏的格式和尺寸见图8-8，实际使用时可适当简化。

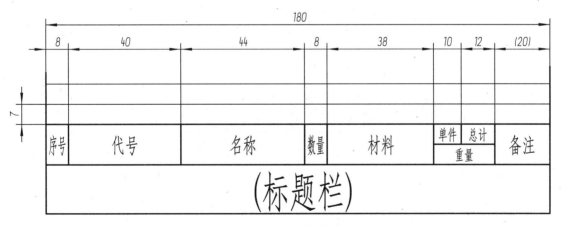

图8-8　标准明细栏格式

第四节　几种常见的装配工艺结构

在设计和绘制装配图时，应考虑零部件之间合理的装配方式，以保证装配精度、降低生产成本。图 8-9 简单列举了一些装配结构合理性的例子，供绘图时参考。

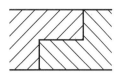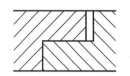

（a）两零件在同一方向只能有一对接触面

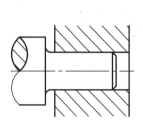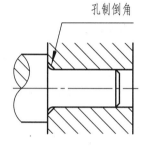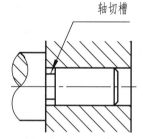

孔制倒角　　　　轴切槽

（b）孔与轴端面接触处拐角的结构

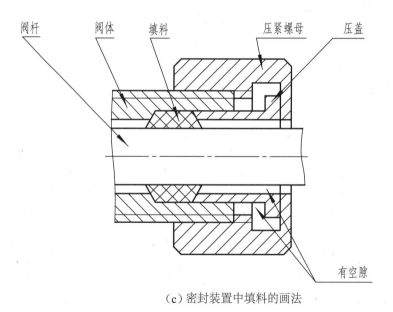

阀杆　　阀体　　填料　　　压紧螺母　　压盖

有空隙

（c）密封装置中填料的画法

图 8-9　装配结构合理性

第九章　计算机辅助制图

计算机辅助工程制图是计算机辅助设计(CAD)的重要组成部分，是随着计算机及其外围设备和软件的发展而形成的一门新技术，是用计算机软、硬件系统辅助人们对产品更新换代或工程进行设计、修改及显示输出的一种设计方法，是对过去传统的机械设计、机械制造工艺过程控制方法的一个挑战。目前常用的 CAD 软件产品包括 AutoCAD、Pro Engineer、SolidWorks、CATIA、Unigraphics、I-DEAS 等，这些软件虽然出自不同的公司，但建模的思想和流程大体一致，本章以较常用的 SolidWorks 软件为例，以实例为主，主要介绍三维实体建模过程，以及工程图的基本绘制。

第一节　基本体的构形分析与建模流程

基本体通常是指棱柱、棱锥、圆柱、圆锥、圆球等平面立体或曲面立体等简单几何体。其构型的过程直接决定了计算机辅助工程制图中三维实体建模的流程。

1.1　基本体的构形分析

(1)棱柱

图 9-1(a)所示为正五棱柱。它由相互平行的两个正五边形底面和垂直于底面的五个四边形侧面所围成。正五棱柱可视为由正五边形底面 ABCDE 沿其法线方向平移指定距离 H 所形成，如图 9-1(b)所示。

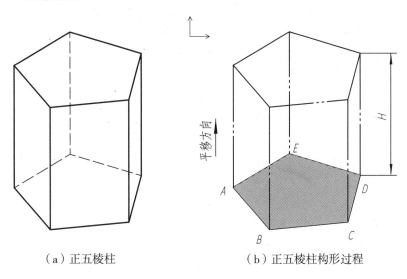

（a）正五棱柱　　　　　　　　（b）正五棱柱构形过程

图 9-1　棱柱

由一个二维轮廓沿其法线方向作平移运动所形成的几何体称"拉伸体"。建模时，拉伸体用"拉伸凸台"特征生成，如图9-2所示的拉伸体，分别由 L 形、回字形、T 字形轮廓通过"拉伸凸台"特征生成。

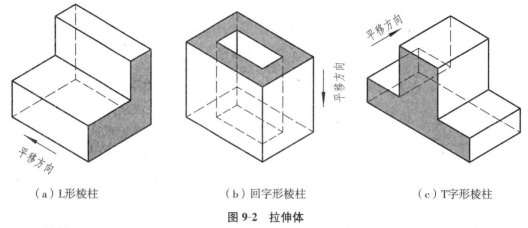

（a）L形棱柱　　　　　　　　（b）回字形棱柱　　　　　　　（c）T字形棱柱

图 9-2　拉伸体

（2）棱锥

图9-3(a)所示为四棱锥。它由一个四边形底面和有一公共顶点的四个三角形侧面所围成。四棱锥可视为由四边形底面 ABCD 沿其法线方向向公共顶点 S 过渡所形成，如图9-3(b)所示。

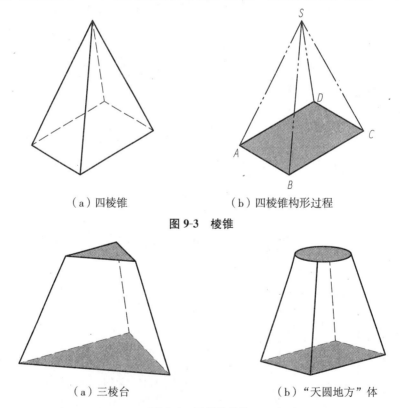

（a）四棱锥　　　　　　　　　（b）四棱锥构形过程

图 9-3　棱锥

（a）三棱台　　　　　　　　　（b）"天圆地方"体

图 9-4　层叠拉伸体

通过在两个或多个二维轮廓之间进行过渡所形成的几何体称"层叠拉伸体"。特征建模时，层叠拉伸体用"放样"特征生成，如图9-4所示的三棱台、"天圆地方体"都是通过"放样（即层叠拉伸）"特征生成。

（3）圆柱

圆柱由圆柱面和两个圆形底面所围成。如图 9-5 所示，圆柱可视为由四边形 AA_1O_1O 绕与 OO_1 重合的中心线旋转 $360°$ 所形成；使圆形底面沿其法线方向平移，也可形成圆柱。

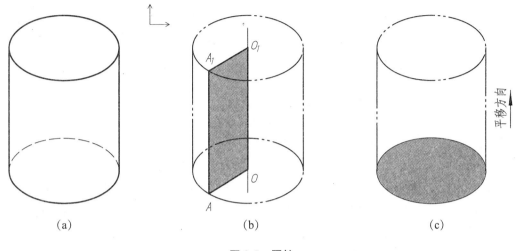

图 9-5 圆柱

通过绕中心线旋转二维轮廓所形成的几何体称"回转体"。特征建模时，回转体用"旋转凸台"特征生成。空心圆柱、手柄等同轴回转体也可通过"旋转凸台"特征生成，如图 9-6 所示。

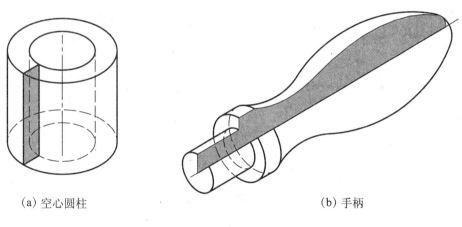

（a）空心圆柱　　　　　　　　　　　（b）手柄

图 9-6 回转体

（4）圆锥

圆锥由圆锥面和圆形底面围成。显然，圆锥是回转体，如图 9-7(a) 所示，圆锥面可视为由三角形 SAO 绕与 SO 重合的中心线旋转 $360°$ 所形成。

（5）圆球

圆球也是回转体。如图 9-7(b) 所示，圆球可视为由半圆形的轮廓绕与其直径 OO_1 重合的中心线旋转 $360°$ 所形成。

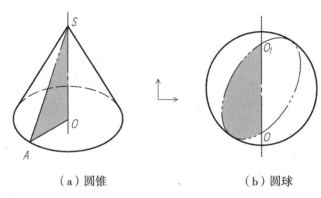

（a）圆锥	（b）圆球

图 9-7　圆锥与圆球

1.2　三维实体建模的基础——草图绘制

根据上节中基本体的构形思想，首先需要绘制草图，然后利用 SolidWorks 中拉伸、放样、旋转特征建模的基本流程，可以生成对应的三维实体模型。因此，草图是三维模型的基础，可以在默认基准面（前视基准面、上视基准面或右视基准面）、由参考几何体生成的基准面、已有的其它平面上生成草图。草图的正确绘制直接影响三维实体建模的准确性。

如图 9-8 所示为一个平面图形，应用 SolidWorks 进行平面绘图。

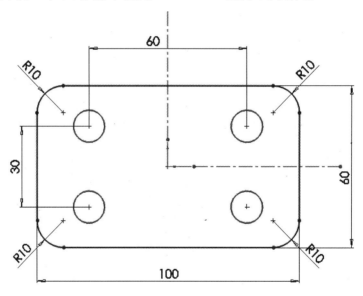

图 9-8　平面图形

草图绘制步骤如下：

第一步：单击【新建】 ，建立新的零件文件

第二步：选取【上视基准面】为草图绘制平面

第三步：单击【上视】 ，设置草图观察方向

第四步：单击【草图】 ，进入草图绘制状态

第五步：单击【矩形】 ，并修改其属性，使其长为 100，宽度为 60，绘制如图 9-9 所示矩形

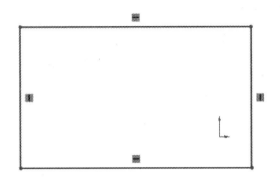

图 9-9　绘制矩形

第六步：添加对称的几何约束

单击【中心线】，以原点为起始点绘制一条竖直中心线和一条水平中心线。选取【尺寸/几何关系】工具栏中的【添加几何关系】，弹出如图 9-10 所示对话框，在【所选实体】中选取竖直中心线及矩形的左右边，添加【对称】几何约束；再对矩形的上下边添加【对称】几何约束，使矩形的几何中心与原点重合，如图 9-10。

＊ 提示：若所画中心线颜色没有变黑，可对该中心线添加【竖直】或【水平】、与原点【重合】的几何约束。

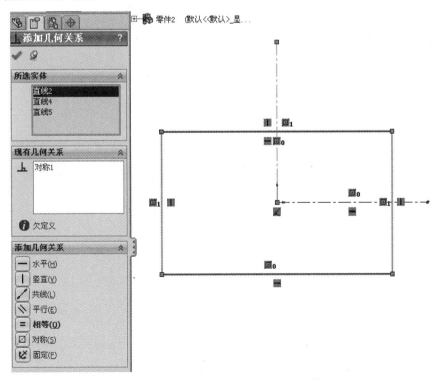

图 9-10　添加几何关系

第七步：绘制四个小圆

单击【圆】 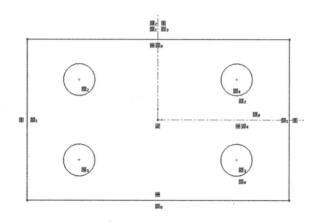 ，先画上方的两个小圆，通过添加【相等】、【对称】几何关系，使两个圆大小相等、左右对称。按住 Ctrl 键，同时选中画好的两个小圆及水平中心线，单击【镜像实体】 ，得到另两个小圆，如图 9-11 所示。

图 9-11　绘制四个小圆

第八步：画圆角

单击【绘制圆角】 　，弹出如图 9-12 所示对话框，设定【圆角参数】为"10mm"。依次单击与圆角相切的两条边，得到四个半径为 10mm 的圆角，如图 9-12。

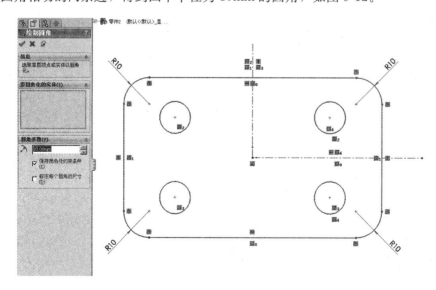

图 9-12　画圆角

第九步：标注尺寸

单击【智能尺寸】 ，标注如图 9-8 所示尺寸。此时，草图的所有图线均变为黑色，表示草图已完全定义，该草图绘制完成。

1.3 基本体的三维实体建模流程

（1）棱柱的建模流程

如图 9-13 所示为一个简单的棱柱实体模型，应用 SolidWorks 对其进行拉伸建模。

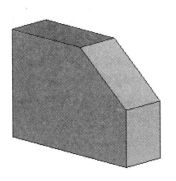

图 9-13 零件模型

建模步骤：

第一步：建立一个零件文件

选取【标准】工具栏中的【新建】![新建图标]，在弹出的对话框中，单击【零件】选项，进入零件设计环境。

*提示：欲激活某工具栏，可用右键单击屏幕上方灰色区域，在弹出的下拉菜单中选取所需工具栏。

第二步：选取草图绘制平面

在【设计树（FeatureManager）】中单击【前视基准面】，如图 9-14 所示。

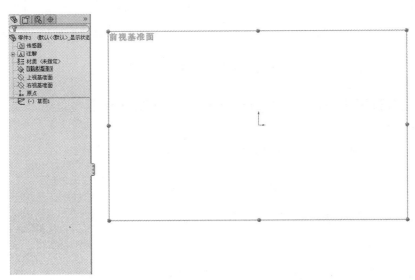

图 9-14 选取绘图平面

第三步：设置草图观察方向

选取【标准视图】工具栏中的【前视】 。

第四步：进入草图绘制状态

第五步：绘制草图

选取【草图绘制】工具栏中的【草图】 ，单击【直线】 ，以原点为起始点绘制如图 9-15 所示草图。

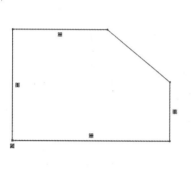

图 9-15　绘制草图

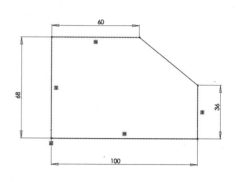

图 9-16　标注尺寸

* 提示：若要删除某草图实体（直线、圆弧、圆等），可单击该草图实体，使其呈绿色被选中状态，按键盘上的 Delete 键即可将其删除。

第六步：标注尺寸

选取【尺寸/几何关系】工具栏中的【智能尺寸】 ，标注如图 9-16 所示尺寸。

* 提示：双击尺寸数字可在位更改尺寸大小，草图大小随之改变。

第七步：选取特征建模

选取【特征】工具栏中的【拉伸凸台/基体】 ，弹出如图 9-17 所示【拉伸】对话框，设定【方向 1】为"给定深度"、"30mm"，单击【确定】 ，生成如图 9-13 所示零件模型。

* 提示：选取【视图】工具栏中的【旋转视图】 ，可随意旋转模型。

（2）棱锥的建模流程

图 9-18 所示为三棱锥，应用 SolidWorks 建立其实体模型。

建模步骤：

第一步：单击【新建】 ，建立新的零件文件

第二步：绘制草图 1

选取绘图平面：【上视基准面】，观察方向：【上视】 ，单击 ，进入草图绘制状态。单击【点】 ，画一个与原点重合的点，作为三棱锥的顶点。单击 ，退出草图 1 绘制状态。

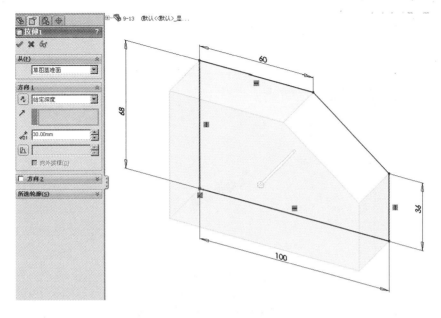

图 9-17 选取特征建模

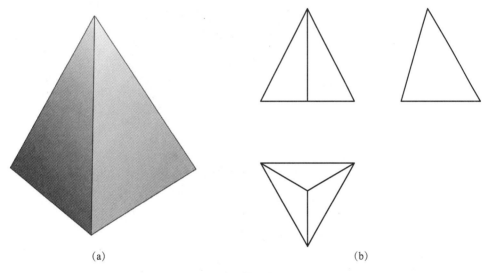

(a)   (b)

图 9-18 三棱锥模型及其三视图

第三步：绘制草图 2

首先，选取【参考几何体】工具栏中的【基准面】，弹出如图 9-19 所示对话框，在【选择】中选取"上视基准面"，设定【距离】为"60mm"，并选中【反向】，建立一个与上视基准面平行且距离为 60mm 的"基准面 1"作为草图 2 的绘图平面。

然后，选取绘图平面：【基准面 1】，观察方向：【上视】，单击，进入草图绘制状态。单击【多边形】，在弹出的【多边形】对话框中设定【参数】为"3"，单击原点并拖动，绘制正三角形，作为三棱锥的底面。单击【添加几何关系】，选取三角形的上边，对其添加【水平】几何约束。单击【智能尺寸】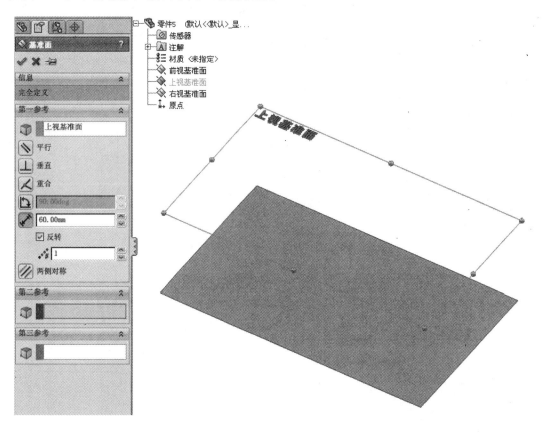，标注边长：60mm，使草图2完全定义，如图9-20。单击，退出草图2绘制状态。

图 9-19　建立基准面 1

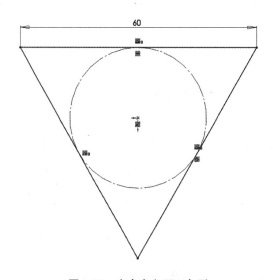

图 9-20　完全定义正三角形

第四步：选取特征建模

选取【特征】工具栏中的【放样】 ，弹出如图 9-21 所示对话框，在【轮廓】中选取"草图 1"和"草图 2"，单击【确定】 ，生成三棱锥模型。选取【标准】工具栏中的【保存】 ，在相应文件夹中存储"三棱锥"文件。

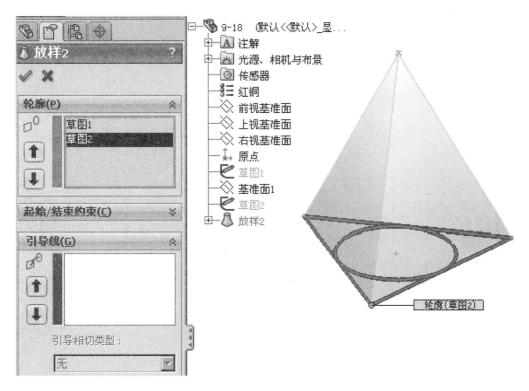

图 9-21 选取特征建模

（3）回转体的建模流程

回转体的建模草图中要包括一个回转轴线（中心线线型）和一个用以旋转的封闭线框。注意此封闭线框中体现的旋转体的半径，否则会出现"自相交叉"问题。

图 9-22 为简单几何体，应用 SolidWorks 对其进行建模。

建模步骤：

第一步：单击【新建】 ，建立新的零件文件

第二步：【旋转】特征生成阶梯空心轴

选取草图绘制平面：【右视基准面】，观察方向：【左视】 ，单击 ，进入草图绘制状态。单击【中心线】 ，过原点画一条水平中心线，单击【直线】 ，绘制如图 9-23 所示草图，并对草图添加几何/尺寸约束，使草图完全定义。

图 9-22　零件模型

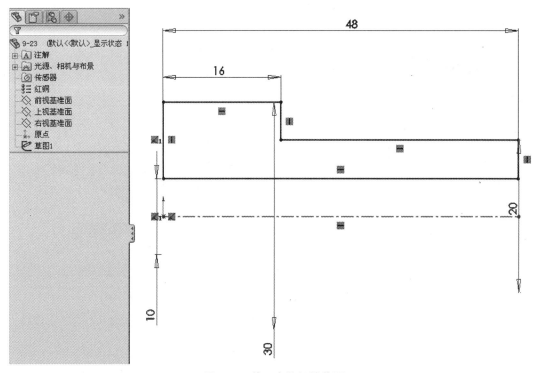

图 9-23　第一个特征的草图

* 提示：选取一条几何构造线及一条与之平行的中心线标注尺寸时，尺寸放置位置会影响尺寸如何被测量。

选取【特征】工具栏中的【旋转】 ，弹出如图 9-24 所示对话框，设定【旋转参数】为"单一方向"、"360.00deg"，单击【确定】 ，生成阶梯轴。

第三步：【拉伸切除】特征生成圆柱孔

首先，选取草图绘制平面：【右视基准面】，观察方向：【左视】 ，单击 ，进入草图绘制状态。单击【圆】 ，绘制圆，并对该圆添加几何/尺寸约束，使草图完全定义，如图 9-25 所示。

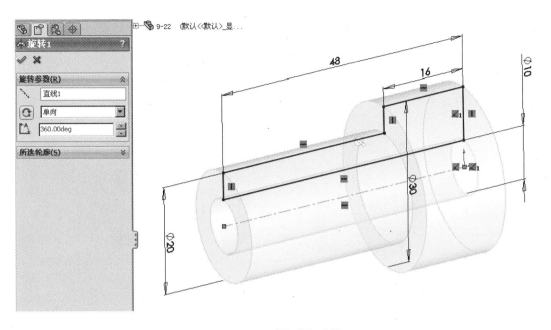

图 9-24　选取特征建模

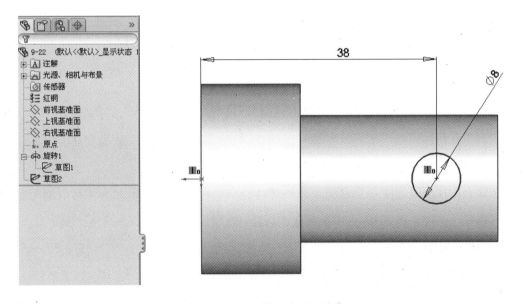

图 9-25　第二个特征的草图

最后，选取【特征】工具栏中的【拉伸切除】■，弹出如图 9-26 所示对话框，设定【方向1】为"完全贯穿"，选中【方向 2】，并设定其为"完全贯穿"，单击【确定】●，生成 Φ8 圆柱孔，得到如图 9-3-5 所示零件模型。

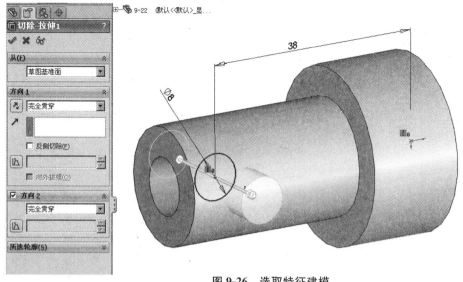

图 9-26　选取特征建模

＊ 提示：第一个特征生成时，系统自动以上下二等角轴测视向显示模型预览，以后的特征生成时，需自主选取【标准视图】工具栏中的轴测视向显示，以观察成形的方向。

第二节　组合体的构形分析与建模流程

2.1　组合体的构形分析

利用 SolidWorks 软件生成组合体的基本方法是通过"拉伸"、"旋转"、"扫描"、"放样"等特征创建简单几何体模型，然后反复做特征的并、交、差集合运算生成组合体。因此，建构组合体模型时需对组合体进行构形分析来描述组合体的集合构形。

组合体集合构形的描述应尽量简捷，用拉伸体或同轴回转体作简单几何体可以缩短组合体的构形路径。例如，图 9-27(a)所示组合体，经一次"拉伸"即可生成，显然比图 9-27(b)所描述的构形路径简捷；图 9-27(c)所示组合体 S 虽然有两个同轴回转体：$S_1 -\!^*S_2$、$S_3 -\!^*S_4$（如图 9-27(d)所示），但由 $(S_1 -\!^*S_2) \cup\!^* (S_3 -\!^*S_4)$ 生成的组合体 S' 并不与 S 一致（如图 9-27(e)所示），其较为简捷的集合构形描述是合并 $S_1 -\!^*S_2$ 为 S_{12}，$S = S_{12} \cup\!^* S_3 -\!^*S_4$。

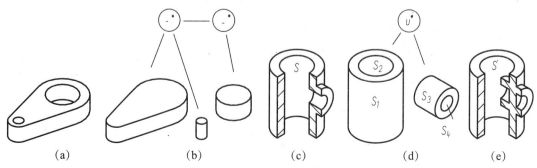

| (a) | (b) | (c) | (d) | (e) |

图 9-27　组合体集合构形描述

同一组合体可以选择不同特征、形状、数量的简单几何体，经过不同的集合运算、次数、顺序生成。例如，生成图 9-28(a)所示组合体 S 可以有图 9-28(b)、9-28(c)所示的两种不同构形路径。不同的构形路径反映了构形者不同的构形思维。构形分析时，在正确描述组合体集合构形的前提下，可选择不同的构形路径，但应使其尽量简捷，以提高建模的速度。

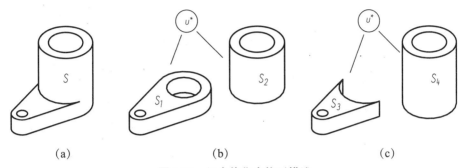

图 9-28　组合体集合构形描述

构形分析时应仔细观察各简单几何体之间的相对位置。形状、大小相同，相对位置不同的两简单几何体，经过相同的集合运算，生成的组合体各不相同。例如，图 9-29(a)所示两简单几何体 S_1、S_2 的并集合，可生成如图 9-29(b)、9-29(c)、9-29(d)、9-29(e)所示的组合体，它们的区别显然是 S_1 与 S_2 的相对位置不同，另一明显区别是相贯线的形状不同，在各图的下方分别画出了这些相贯线的空间形状，稍加注意即可发现，在两简单几何体的邻接边界面共面的情况下，相贯线不封闭，如图 9-29(c)、9-29(e)所示。

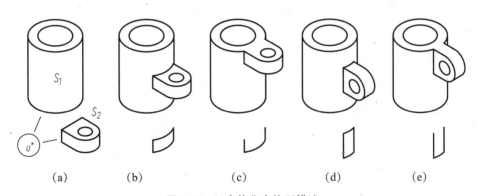

图 9-29　组合体集合构形描述

图 9-30(a)、9-30(b)所示的两组合体，由形状、相对位置相同的两简单几何体经相同的集合运算生成，它们的不同之处是左侧拉伸体前后两平面与外圆柱面的关系不同：图 9-30(a)所示的组合体，前后两平面与外圆柱面相切，无交线；图 9-30(b)所示的组合体，前后两平面与外圆柱面相交，有交线。请特别注意相切与相交的投影区别。

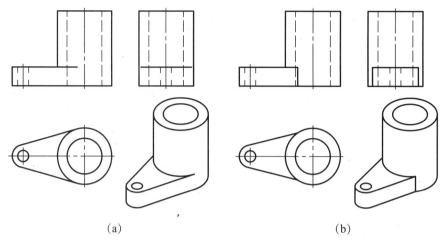

（a）　　　　　　　　　　　　　　　　（b）

图 9-30　相切与相交的投影区别

2.2　组合体的实体建模流程

组合体建模首先要进行形体分析，确定组合的几何体及相互组合关系，再分析建模的顺序，逐一完成各形体的特征。一般孔、圆角、倒角等特征最后建立。组合体建模一般需经若干次特征集合运算生成。一次特征建模对应一个轮廓草图（扫描、放样需要多个草图），再次特征建模又要从选择绘图平面开始。所以，构形分析时还应从选择绘图平面的角度考虑组合体的集合构形路径。绘图平面的选择除了影响所建构实体模型在投影体系中主视图的投影方向外，还会影响所建构的实体模型是否能成功。

例 1：图 9-31 所示为一个组合体，应用 SolidWorks 建立其实体模型。

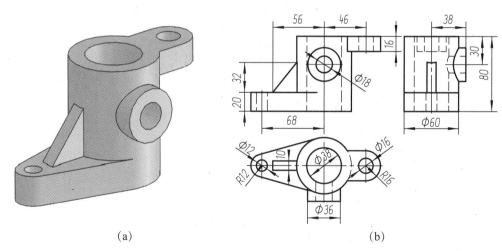

（a）　　　　　　　　　　　　　　　　（b）

图 9-31　组合体模型及其尺寸

建模步骤：

第一步：单击【新建】，建立新的零件文件

第二步：【拉伸凸台/基体】特征生成直立空心圆柱

首先，选取草图绘制平面：【上视基准面】，观察方向：【上视】，单击，进入草图绘制状态。其次，以原点为圆心画两个同心圆，并分别标注直径 $\phi38$ 和 $\phi60$，使草图完全定义。最后，选取特征：【拉伸凸台/基体】，设定【方向1】为"给定深度"、"80mm"，单击【确定】，生成直立空心圆柱。

第三步：【拉伸凸台/基体】特征生成底板

先选取草图绘制平面：直立空心圆柱底面，观察方向：【上视】，单击，进入草图绘制状态。然后选中 $\phi60$ 圆，单击【转换实体引用】，将该圆投影到绘图平面。绘制如图 9-32 所示草图，并对草图添加几何/尺寸约束，使草图完全定义。

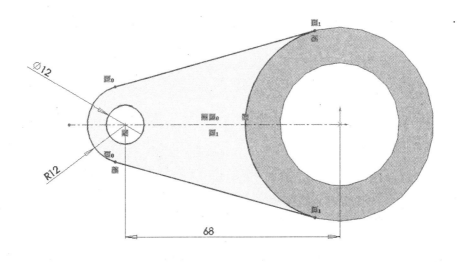

图 9-32　底板草图

再选取特征：【拉伸凸台/基体】，设定【方向1】为"给定深度"、"20mm"，单击【确定】，生成底板。

第四步：【拉伸凸台/基体】特征生成 $\phi36$ 水平圆柱

单击【基准面】，设定【选择】："前视基准面"，【距离】："38mm"，建立"基准面1"，如图 9-33 所示。

选取绘图平面：【基准面1】，观察方向：【前视】，单击，进入草图绘制状态。画 $\phi36$ 圆，并添加几何/尺寸约束，使其完全定义，如图 9-34 所示。选取特征：【拉伸凸台/基体】，设定【方向1】："成形到一面"，选中 $\phi60$ 柱面，单击【确定】，生成 $\phi36$ 水平圆柱。

第五步：【拉伸切除】特征生成 $\phi18$ 水平圆柱孔

选取草图绘制平面：基准面 1，观察方向：【前视】 ⬜ ，单击 ✏ ，进入草图绘制状态。画 ϕ18 圆，并添加几何/尺寸约束，使其完全定义，如图 9-35 所示。

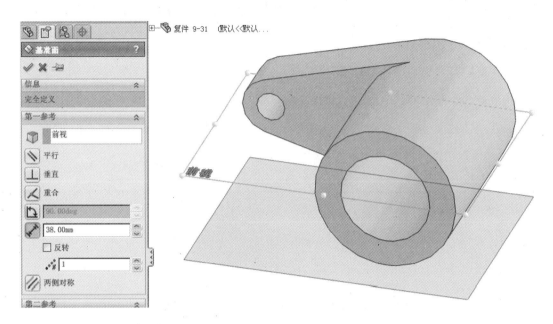

图 9-33 建立基准面 1

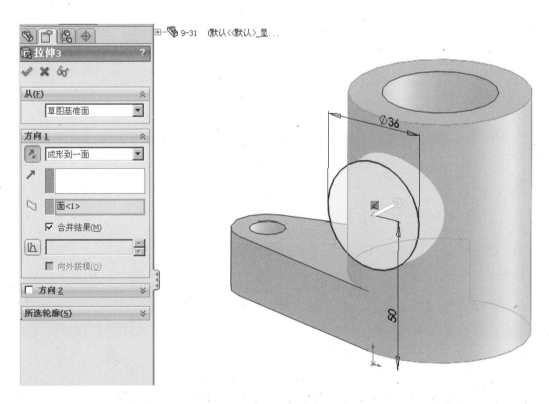

图 9-34 ϕ36 水平圆柱草图及建模

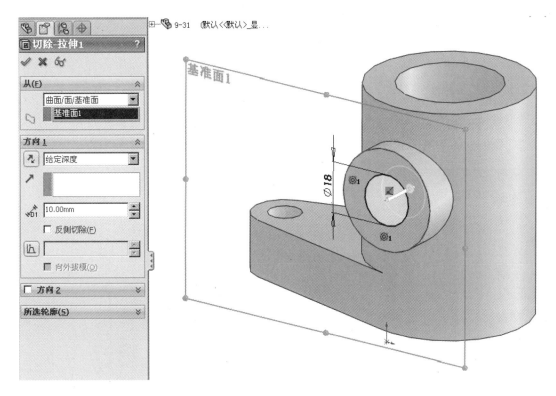

图 9-35　ϕ18 水平圆柱孔草图及建模

选取特征：【拉伸切除】 ，设定【方向 1】："成形到一面"，选中 ϕ38 柱面，单击【确

定】 ，生成 ϕ18 水平圆柱孔。

第六步：【拉伸凸台/基体】特征生成 U 形柱

选取草图绘制平面：直立空心圆柱顶面，观察方向：【上视】 ，单击 ，进入草

图绘制状态。绘制如图 9-36 所示草图，并对草图添加几何/尺寸约束，使草图完全定义。

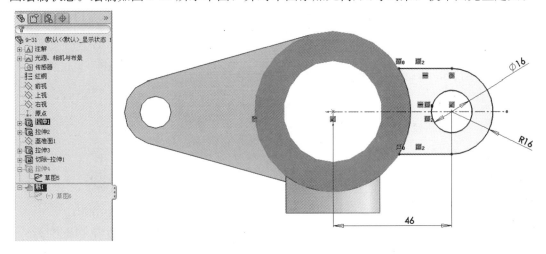

图 9-36　U 形柱草图

选取特征：【拉伸凸台/基体】，设定【方向1】为"给定深度"、"16mm"，单击【确定】，生成U形柱。

第七步：【筋】特征生成肋板

选取草图绘制平面：【前视基准面】，观察方向：【前视】，单击，进入草图绘制状态。绘制如图9-37所示草图，并对草图添加几何/尺寸约束，使草图完全定义。

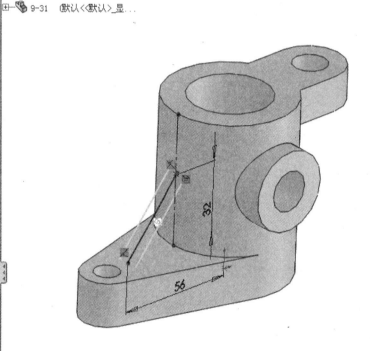

图9-37 肋板草图及建模

最后，选取特征：【筋】，设定【厚度】为"两侧"、"10mm"，【拉伸方向】为"平行于草图"，单击【确定】，生成肋板，完成复杂组合体建模。

例2：应用SolidWorks进行图9-38所示的弯管接头件三维建模。

建模步骤

第一步：单击【新建】，建立新的零件文件。

第二步：【扫描】特征生成弯管。

(1)选取草图绘制平面：【上视基准面】，观察方向：【上视】，单击，进入草图绘制状态。

(2)绘制轮廓(截面)草图。以原点为圆心画两个同心圆，并分别标注直径$\phi 18$和$\phi 26$，使草图完全定义，如图9-39所示。

图 9-38　弯管接头模型

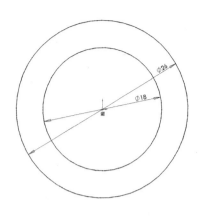

图 9-39　绘制扫描轮廓

（3）单击 ✐ ，退出草图 1 绘制状态。

（4）选取草图绘制平面：【前视基准面】，观察方向：【前视】 ⬚ ，单击 ✐ ，再次进入草图绘制状态。

（5）绘制路径草图。以原点为起始点绘制如图 9-40 所示草图，并对草图添加几何/尺寸约束，使草图完全定义。

＊提示：该草图由两段直线和一段分别与两直线相切的圆弧构成。

（6）单击 ✐ ，退出草图 2 绘制状态。

（7）选取特征：【扫描】 ⬚ ，弹出如图 9-41 所示对话框，在【轮廓和路径】中选取"草图 1"和"草图 2"，单击【确定】 ✅ ，生成弯管。

第三步：【拉伸凸台/基体】特征生成底板

（1）选取草图绘制平面：【上视基准面】，观察方向：【下视】 ⬚ ，单击 ✐ ，进入草图绘制状态。

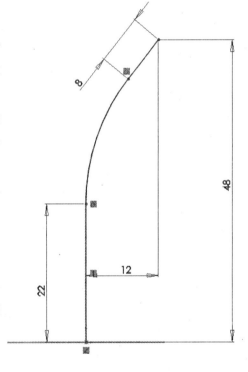

图 9-40　绘制扫描路径

（2）选中弯管 φ18 圆，单击【转换实体引用】 ▣ ，将该圆投影到绘图平面。再以原点为圆心画两个直径为 φ36 和 φ46 的同心圆，然后选中 φ36 圆，单击【构造几何线】 ▦ ，将该圆线型转换成点画线。绘制四个 φ6 圆时，可先画一个圆，在该圆呈绿色被选中状态下单击【圆周草图排列和复制】 ⦂ ，在弹出的对话框中作相应的设置，画出另外三个 φ6 圆。在对草图添加几何/尺寸约束时，需添加中心线，如图 9-42 所示。

(3)选取特征：【拉伸凸台/基体】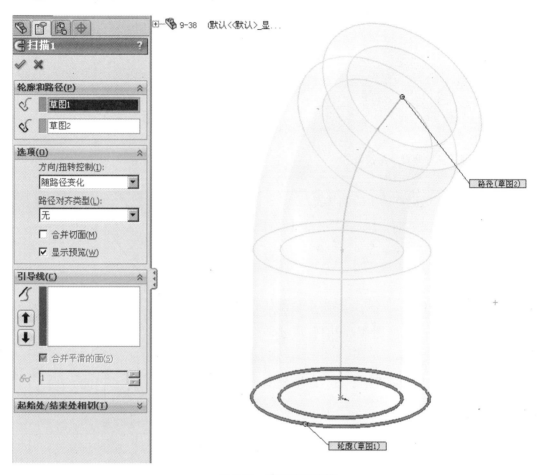，设定【方向 1】为"给定深度"、"6mm"，单击【确定】 ，生成底板。

图 9-41　选取特征建模

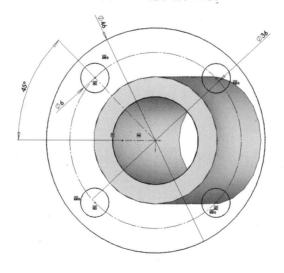

图 9-42　底板草图

第四步：【拉伸凸台/基体】特征生成顶板

(1)选中弯管的顶面，单击【标准视图】工具栏中的【正视于】 ⚓ ，使该平面平行于显示屏，单击 ✏ ，进入草图绘制状态。

(2)选中弯管 ϕ18 圆，单击【转换实体引用】 ⬚ ，将该圆投影到绘图平面。绘制一个正方形，倒圆角，在画四个 ϕ4 圆时，可先画一个圆，在该圆呈绿色被选中状态下单击【线性草图排列和复制】 ⠿ ，在弹出的对话框中作相应的设置，画出另外三个 ϕ4 圆。在对草图添加几何/尺寸约束时，需添加中心线，如图 9-43 所示。

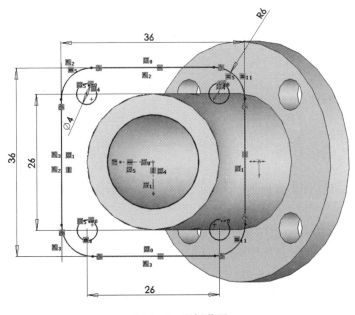

图 9-43 顶板草图

(3)选取特征：【拉伸凸台/基体】 ⬚ ，设定【方向 1】为"给定深度"、"6mm"，单击【确定】 ✅ ，生成顶板。

第五步：【拉伸凸台/基体】特征生成左侧凸台的外廓

(1)单击【基准面】 ◇ ，设定【选择】："右视基准面"，【距离】："16mm"，在右视基准面的左侧建立"基准面 1"。

(2)选取绘图平面：【基准面 1】，观察方向：【左视】 ⊞ ，单击 ✏ ，进入草图绘制状态。

(3)绘制如图 9-44 所示草图，并对草图添加几何/尺寸约束，使草图完全定义。

(4)选取特征：【拉伸凸台/基体】 ⬚ ，设定【方向 1】为"成形到一面"，选中弯管的外表面，单击【确定】 ✅ ，生成左侧凸台的外廓。

第六步：【拉伸切除】特征生成左侧凸台的内孔。

(1)选取草图绘制平面：基准面 1，观察方向：【左视】，单击，进入草图绘制状态。

(2)画 $\phi 6$ 圆，并对草图添加几何/尺寸约束，使草图完全定义，如图 9-45 所示。

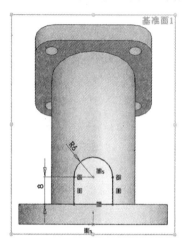

图 9-44　左侧凸台外廓草图

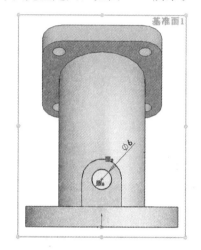

图 9-45　左侧凸台内孔草图

(3)选取特征：【拉伸切除】，设定【方向 1】："成形到一面"，选中弯管的内表面，单击【确定】，生成左侧凸台的内孔。

第七步：选取【标准】工具栏中的【保存】，在相应文件夹中存储"弯头"文件。

第三节　装配体建模的基本流程

装配体设计包括自顶向下和自下而上两种方法。本章仅介绍基本的自下而上方法，即将已有的零部件导入装配体环境中，利用配合方式将其安装到正确的位置，使其构成一个部件或机器。

图 9-46 为简单的装配体，应用 SolidWorks 进行非标准件零件的建模，在此基础调用标准件并完成装配体模型。

装配体建模需要将已生成的零件模型置入装配体文件中，按设计要求限定零件间的相对位置，其中第一装入的零件原点一般要固定在装配环境的原点位置；调入的其它零部件为浮动状态，通过添加配置关系限制其相应的自由度。

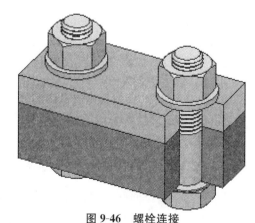

图 9-46　螺栓连接

建模步骤：

第一步：生成装配体的零件模型

在零件设计环境中，创建两个被螺栓连接的零件：零件 1 和零件 2，尺寸如图 9-47 和 9-48 所示，制作步骤从略。在相应文件夹中存储"零件 1"、"零件 2"文件。

* 提示：相同的孔需用【线形阵列】特征生成。

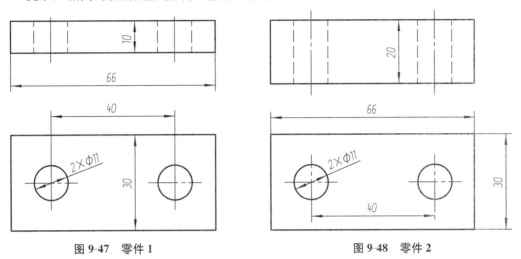

图 9-47　零件 1　　　　　　　　　　　　　　　图 9-48　零件 2

第二步：建立一个装配体文件

单击【新建】，在弹出的对话框中选取【装配体】，进入装配体设计环境。

第三步：插入零件 1 并固定其在预期位置

选取【装配体】工具栏中的【插入零部件】，在弹出的对话框中，设定【打开文件】为"零件 1"，单击【确定】，第一个零件的圆点被固定在装配环境的圆点位置，如图 9-49 所示。

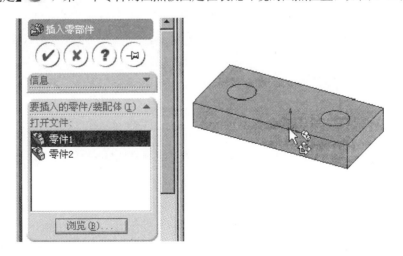

图 9-49　插入零件 1

第四步：插入零件 2 并限定其位置

单击【插入零部件】，放置零件 2 于任意位置。后插入的零件可相对第一个插入的零件浮动，选取【装配体】工具栏中的【移动零部件】或【旋转零部件】，能移动或旋转该零件至目标位置。

选取【装配体】工具栏中的【配合】，在弹出的对话框中设定【配合选择】：零件 1 的底面和零件 2 的顶面，选中【重合】，单击【确定】；再选取零件 1、零件 2 的前面，选中【重合】，单击【确定】；然后选取零件 1、零件 2 的同一侧面，选中【重合】，单击【确定】。

第五步：添加螺纹紧固件

选取【装配体】工具栏中的【智能扣件】，选中有两个圆孔的平面，在弹出的对话框中单击【选择】下方的【添加】，扣件（螺栓或螺钉）自动以【重合】、【同轴心】与圆孔配合出现在装配体中，如图 9-50 所示。

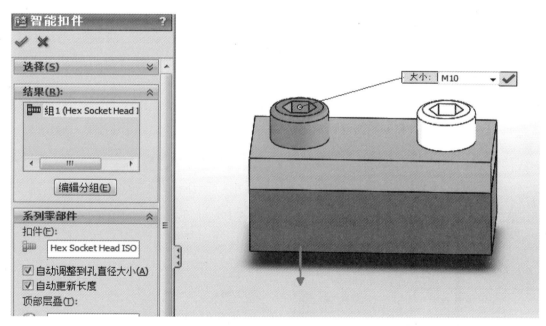

图 9-50　添加智能扣件

在【智能扣件】对话框中右键单击【扣件】下的螺钉图标，在弹出的下拉菜单中选取【更改扣件类型】，弹出如图 9-51 所示对话框，从清单中选取所需的螺栓或螺钉类型。

单击【扣件】下的符号""展开扣件树，用右键单击【系列 1】，在弹出的下拉菜单中

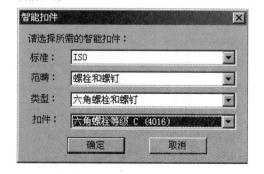

图 9-51　更改智能扣件类型

选取【反转】，结果如图 9-52 所示。

双击扣件树【底部层叠】，弹出如图 9-53 所示对话框，从清单中选取所需的螺垫和螺母。

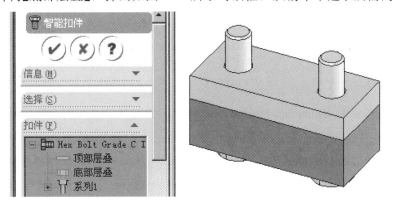

图 9-52　反转智能扣件

图 9-53　添加智能扣件

第六步：【拉伸切除】特征剖开装配体

如图 9-54 所示，选中螺栓底部端面绘制矩形草图，选取【拉伸切除】特征剖开装配体，确定后用右键单击装配体特征树中的【切除-拉伸】，在弹出的下拉菜单中选取【特征范围】，在弹出的对话框中删除所有螺纹紧固件，结果如图 9-46 所示装配体。

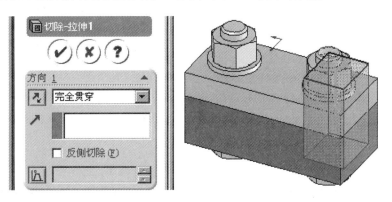

图 9-54　剖开装配体

第四节　三维实体工程图样的生成

利用 Solidworks 软件建模完成后，需要按照工程制图的规范对其内外部特征加以表达，包括在工程图图纸上的视图比例、视图方向和视图位置。每一个视图都有一个单独的"参考"（一个零件或者一个装配体文件）。一张图纸可以包括多个有着不同"参考"的视图。可以创建的常见工程视图包括模型视图、标准三视图、投影视图、相对视图、辅助视图、断裂视图、剖视图、钣金(平板展开)视图等。工程图需要有零件或装配体为参考。图框及标题栏可以根据需要选用系统自带的图纸格式或调用自己设计的图纸模板。除了一组表达的视图及尺寸外，还要相应地添加其它注解，如零件图的公差、表面加工符号及其他技术要求，装配图的零件序号、明细表等。本节以零件工程图为例，结合实例，阐明三维实体工程图样的生成。

4.1　三维实体视图表达方案的生成

针对上节中建立的模型，可以按照国标的规定，生成相应的视图表达方案。

单击【新建】□，在弹出的对话框中选取【工程图】，进入工程图设计环境。在弹出的【图纸格式/大小】对话框内，选中"自定义图纸大小"，输入【宽度】："180"，【高度】："160"，单击确定。

＊提示：右键单击工程图设计树中的【图纸】图标，在弹出的下拉菜单中选取【属性】，在【图纸属性】对话框中可对图纸的投影类型、比例、图纸格式/大小等进行重新设置。

(1)全剖主视图的生成。

选取【工程图】工具栏中的【模型视图】，在弹出的对话框中，设定【打开文件】为"弯头"，单击【往下】➡，设定【方向】："前视"，将光标移至图纸单击，生成"弯头"的主视图，如图 9-55 所示。

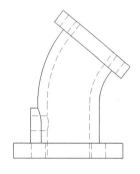

图 9-55　生成主视图

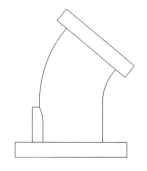

图 9-56　变更显示模式

＊提示：将光标移到高亮显示的视图边框线，出现移动光标 ✛ 后，可将视图拖动到新的位置。

* 单击主视图的边框，使边框呈高亮显示，然后单击【视图】工具栏中的【消除隐藏线】 ⬚ ，系统以移除从当前视角不可见的边线模式显示模型，如图 9-56 所示。双击主视图边框内的任何区域激活该视图，然后单击【矩形】 ⬚ 或单击【草图绘制工具】工具栏中的【样条曲线】 ⬚ 将主视图封闭，然后选取【工程图】工具栏中的【断开的剖视图】 ⬚ ，在弹出的对话框中键入深度"23mm"，并选中【预览】，确定后生成剖视图，绘制中心线后，如图 9-57 所示。

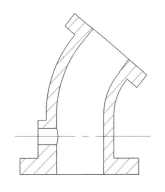

图 9-57 全剖的主视图

* 提示：【断开的剖视图】更适宜生成局部剖视图。

(2)全剖俯视图的生成。

激活主视图，然后单击【中心线】 ⬚ ，绘制如图 9-58 所示的中心线。单击【工程图】工具栏中的【剖面视图】 ⬚ ，生成全剖的俯视图，选中标注"视图 A-A"，按键盘上的 Delete 键将其删除。单击【注解】工具栏中的【注释】 Ａ ，弹出【注释】对话框，在全剖的俯视图上方输入"A-A"，单击【确定】 ⬚ ，系统生成相应的文字并插入到指定的位置，如图 9-58 所示。

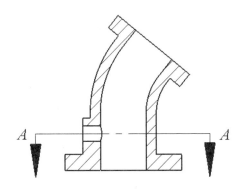

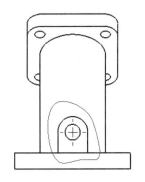

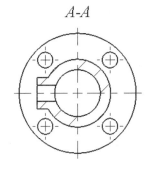

图 9-58 生成府视图(全剖)和左视图

＊提示：单击注释，在弹出的对话框中选中"字体"，可编辑字体属性；双击注释，可在位更改文字；将光标移到注释，出现注释指针 ⍰A 后，可将其拖动到新的位置。

＊提示：单击主菜单中的【视图】，在弹出的下拉菜单中选取【原点】，即可将视图上的坐标原点隐藏。

（3）局部左视图和斜视图的生成

单击主视图的边框，使边框呈高亮显示，然后选取【工程图】工具栏中的【投影视图】图，在主视图的右侧生成左视图，如图 9-58 所示。激活左视图，然后单击【草图绘制工具】工具栏中的【样条曲线】，绘制如图 9-58 所示的闭环轮廓，在该线呈绿色被选中状态下单击【工程图】工具栏中的【裁剪视图】，得到局部左视图。在主视图上选中顶板的顶面边线，单击【工程图】工具栏中的【辅助视图】，生成斜视图，如图 9-59 所示。

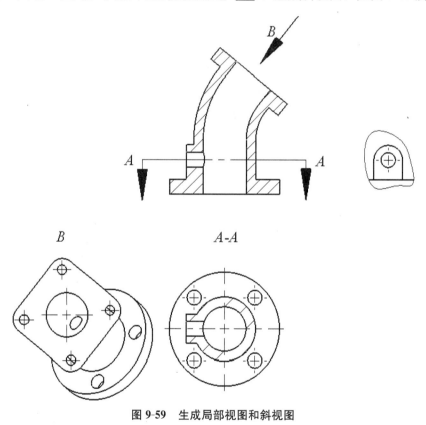

图 9-59　生成局部视图和斜视图

4.2　三维实体工程图样的基本绘制生成

如图 9-60 为轴的工程图（图框标题栏略），应用 SolidWorks 建立轴的零件模型，在此基础上制作轴的零件图。其需要选用模型视图，生成一个主视图，并添移出断面图和局部放大图，标注中心线、补充尺寸标注（插入尺寸）、添加公差或注解，以及加入表面加工符号，技术要求。

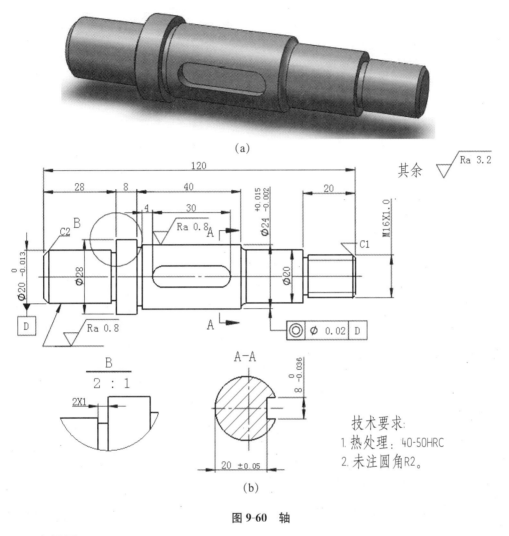

(a)

(b)

图 9-60 轴

（1）主视图

单击【新建】按钮 ，出现【新建 SolidWorks 文件】对话框，选择"A3 横向"，单击【确定】按钮，新建一个工程图文件。单击【模型视图】按钮 ，出现【模型视图】属性管理器，单击【浏览】按钮，出现【打开】对话框，选择"轴"，单击【打开】按钮，建立主视图，如图 9-61 所示。

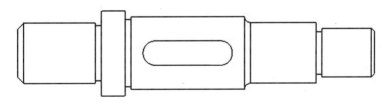

图 9-61 "轴"主视图

单击【中心线】按钮 ，出现"中心线"属性管理器，选择需添加中心线的一对边线，单击【确定】按钮 ✅ ，如图 9-62 所示。单击【竖直折断线】按钮 ，选择前视图，出现两条竖直折断线，用指针拖动断裂线到所需位置，右击视图边界内部，从快捷菜单中选择【断裂视图】命令，生成断裂视图，如图 9-63 所示。

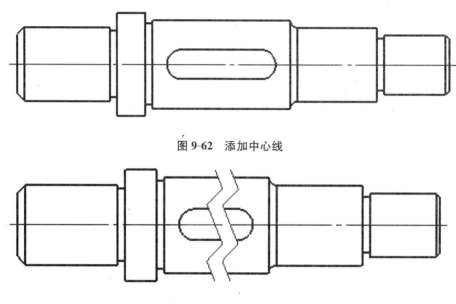

图 9-62 添加中心线

图 9-63 添加竖直折断线

（2）移出断面图

单击【剖面视图】按钮 ，指针变成 形状，在欲建剖面视图的部位绘制直线，出现生成局部剖面视图提示，单击【是】按钮，显示视图预览框，指针移到所需位置，单击，放置视图，出现【剖面视图】属性管理器，选中【只显示曲面】和【反转方向】复选框，单击【确定】按钮 ✅ ，如图 9-64 所示。

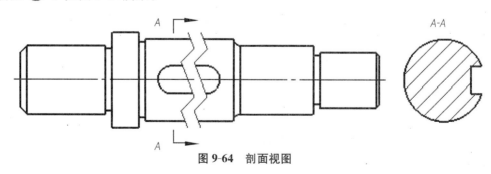

图 9-64 剖面视图

右击剖面视图边界空白区，从快捷菜单中选择【视图对齐】|【解除对齐关系】命令，这样剖面视图就与主视图解除了对齐关系，将剖面视图移动到主视图下方。单击【中心符号线】按钮 ，选择外圆，标注圆中心线，如图 9-65 所示。

（3）局部放大图

单击【局部视图】按钮 ，指针变成 形状，在欲建局部视图的部位绘制圆，显示视图预览框，指针移到所需位置，单击左键，放置视图，如图 9-66 所示。

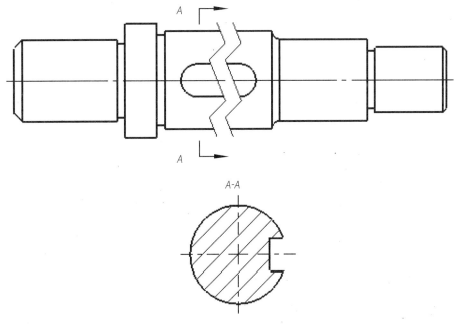

图 9-65　解除对齐关系

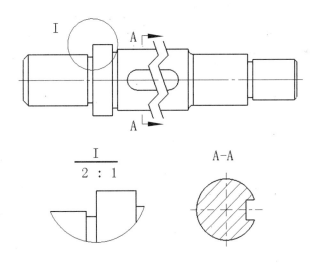

图 9-66　局部视图

(4)螺纹装饰线

单击【装饰螺纹线】按钮 ，出现【装饰螺纹线】属性管理器，如图 9-67(a)所示，选择边线，在【终止条件】下拉列表框内选择【成形到下一面】选项，单击【确定】按钮 ，如图 9-67(b)所示。

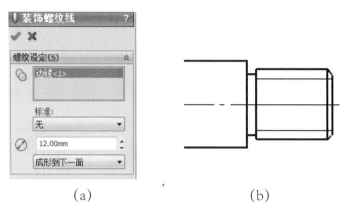

（a） （b）

图 9-67 装饰螺纹线

（5）尺寸标注

复选 3 个视图，单击【模型项目】按钮 ，出现【模型项目】属性管理器，选择"整个模型"，在尺寸区域选中【选择所有】和【消除重合】复选框，在输入到工程图视图区域选中【将项目输入到所有视图】复选框，单击【确定】按钮 ，调整尺寸标注，如图 9-68 所示。

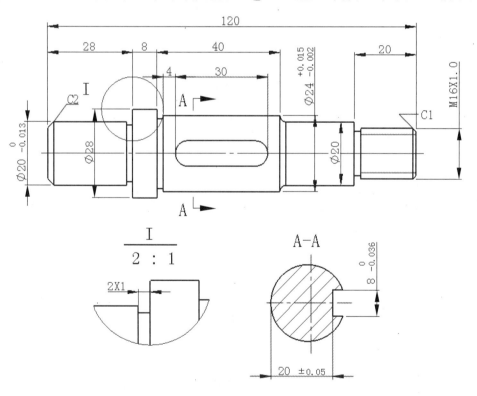

图 9-68 标注尺寸及公差

（6）技术要求标注

单击【表面粗糙度符号】按钮 ，出现【表面粗糙度】属性管理器，选择【要求切削加工】按钮 ，输入"最小粗糙度"值，标注表面粗糙度，如图 9-69 所示。

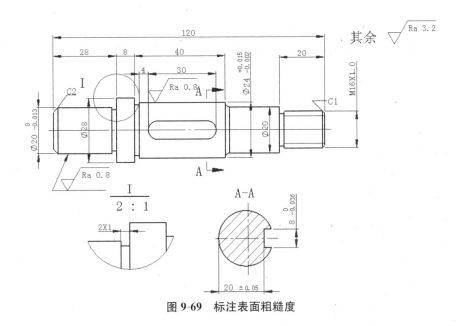

图 9-69 标注表面粗糙度

单击【基准特征】按钮 ，出现【基准特征】属性管理器，设置完毕，选择要标注的基准，单击确认，拖动预览，单击确认，单击【确定】按钮 ，完成基准特征，如图 9-70 所示。单击【形位公差】按钮 ，出现【属性】对话框，设置形位公差内容，在图纸区域单击形位公差，单击【确定】按钮 ，如图 9-71 所示。

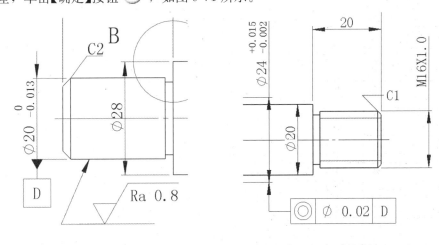

图 9-70 标准基准特征   图 9-71 标准形位公差

单击【注释】按钮 ，指针变为 形状，单击图纸区域，输入注释内文字，按 Enter 键，在现有的注释下加入新的一行，单击【确定】按钮 ，可以完成技术要求的输入。

至此完成如图 9-60(b)所示工程图的基本绘制。依据制图投影规例和国家标准的规定，可以使用软件自带的命令选项对单个零件或装配体的视图进行完备性表达，例如，材料明细表、零件序号、尺寸标注、剖面线、局部视图等方面，进一步完整表达视图，最后即可得到规范的工程图，限于篇幅，具体步骤可详见相关计算机辅助工程制图参考书目。

附录 相关技术标准

一、极限与偏差

表1 常用及优先用途轴的极限偏差

基本尺寸/mm 大于	至	a 11	b 11	b 12	c 9	c 10	c ⑪	d 8	d ⑨	d 10	d 11	e 7	e 8	e 9
—	3	−270 / −330	−140 / −200	−140 / −240	−60 / −85	−60 / −100	−60 / −120	−20 / −34	−20 / −45	−20 / −60	−20 / −80	−14 / −24	−14 / −28	−14 / −39
3	6	−270 / −345	−140 / −215	−140 / −260	−70 / −100	−70 / −118	−70 / −145	−30 / −48	−30 / −60	−30 / −78	−30 / −105	−20 / −32	−20 / −38	−20 / −50
6	10	−280 / −370	−150 / −240	−150 / −300	−80 / −116	−80 / −138	−80 / −170	−40 / −62	−40 / −76	−40 / −98	−40 / −130	−25 / −40	−25 / −47	−25 / −61
10	14	−290 / −400	−150 / −260	−150 / −330	−95 / −138	−95 / −165	−95 / −205	−50 / −77	−50 / −93	−50 / −120	−50 / −160	−32 / −50	−32 / −59	−32 / −75
14	18	−290 / −400	−150 / −260	−150 / −330	−95 / −138	−95 / −165	−95 / −205	−50 / −77	−50 / −93	−50 / −120	−50 / −160	−32 / −50	−32 / −59	−32 / −75
18	24	−300 / −430	−160 / −290	−160 / −370	−110 / −162	−110 / −194	−110 / −240	−65 / −98	−65 / −117	−65 / −149	−65 / −195	−40 / −61	−40 / −73	−40 / −92
24	30	−300 / −430	−160 / −290	−160 / −370	−110 / −162	−110 / −194	−110 / −240	−65 / −98	−65 / −117	−65 / −149	−65 / −195	−40 / −61	−40 / −73	−40 / −92
30	40	−310 / −470	−170 / −330	−170 / −420	−120 / −182	−120 / −220	−120 / −280	−80 / −119	−80 / −142	−80 / −180	−80 / −240	−50 / −75	−50 / −89	−50 / −112
40	50	−320 / −480	−180 / −340	−180 / −430	−130 / −192	−130 / −230	−130 / −290	−80 / −119	−80 / −142	−80 / −180	−80 / −240	−50 / −75	−50 / −89	−50 / −112
50	65	−340 / −530	−190 / −380	−190 / −490	−140 / −214	−140 / −260	−140 / −330	−100 / −146	−100 / −174	−100 / −220	−100 / −290	−60 / −90	−60 / −106	−60 / −134
65	80	−360 / −550	−200 / −390	−200 / −500	−150 / −224	−150 / −270	−150 / −340	−100 / −146	−100 / −174	−100 / −220	−100 / −290	−60 / −90	−60 / −106	−60 / −134
80	100	−380 / −600	−220 / −440	−220 / −570	−170 / −257	−170 / −310	−170 / −390	−120 / −174	−120 / −207	−120 / −260	−120 / −340	−72 / −107	−72 / −126	−72 / −159
100	120	−410 / −630	−240 / −460	−240 / −590	−180 / −267	−180 / −320	−180 / −400	−120 / −174	−120 / −207	−120 / −260	−120 / −340	−72 / −107	−72 / −126	−72 / −159
120	140	−460 / −710	−260 / −510	−260 / −660	−200 / −300	−200 / −360	−200 / −450	−145 / −208	−145 / −245	−145 / −305	−145 / −395	−85 / −125	−85 / −148	−85 / −185
140	160	−520 / −770	−280 / −530	−280 / −680	−210 / −310	−210 / −370	−210 / −460	−145 / −208	−145 / −245	−145 / −305	−145 / −395	−85 / −125	−85 / −148	−85 / −185
160	180	−580 / −830	−310 / −560	−310 / −710	−230 / −330	−230 / −390	−230 / −480	−145 / −208	−145 / −245	−145 / −305	−145 / −395	−85 / −125	−85 / −148	−85 / −185
180	200	−660 / −950	−340 / −630	−340 / −800	−240 / −355	−240 / −425	−240 / −530	−170 / −242	−170 / −285	−170 / −355	−170 / −460	−100 / −146	−100 / −172	−100 / −215
200	225	−740 / −1030	−380 / −670	−380 / −840	−260 / −375	−260 / −445	−260 / −550	−170 / −242	−170 / −285	−170 / −355	−170 / −460	−100 / −146	−100 / −172	−100 / −215
225	250	−820 / −1110	−420 / −710	−420 / −880	−280 / −395	−280 / −465	−280 / −570	−170 / −242	−170 / −285	−170 / −355	−170 / −460	−100 / −146	−100 / −172	−100 / −215
250	280	−920 / −1240	−480 / −800	−480 / −1000	−300 / −430	−300 / −510	−300 / −620	−190 / −271	−190 / −320	−190 / −400	−190 / −510	−110 / −162	−110 / −191	−110 / −240
280	315	−1050 / −1370	−540 / −860	−540 / −1060	−330 / −460	−330 / −540	−330 / −650	−190 / −271	−190 / −320	−190 / −400	−190 / −510	−110 / −162	−110 / −191	−110 / −240
315	355	−1200 / −1560	−600 / −960	−600 / −1170	−360 / −500	−360 / −590	−360 / −720	−210 / −299	−210 / −350	−210 / −440	−210 / −570	−125 / −182	−125 / −214	−125 / −265
355	400	−1350 / −1710	−680 / −1040	−680 / −1250	−400 / −540	−400 / −630	−400 / −760	−210 / −299	−210 / −350	−210 / −440	−210 / −570	−125 / −182	−125 / −214	−125 / −265
400	450	−1500 / −1900	−760 / −1160	−760 / −1390	−440 / −595	−440 / −690	−440 / −840	−230 / −327	−230 / −385	−230 / −480	−230 / −630	−135 / −198	−135 / −232	−135 / −290
450	500	−1650 / −2050	−840 / −1240	−840 / −1470	−480 / −635	−480 / −730	−480 / −880	−230 / −327	−230 / −385	−230 / −480	−230 / −630	−135 / −198	−135 / −232	−135 / −290

(GB/T1800.4—1999)(尺寸至 500mm) 单位:$\mu m\left(\frac{1}{1000}mm\right)$

(带 圈 者 为 优 先 公 差 带)

f					g			h							
5	6	⑦	8	9	5	⑥	7	5	⑥	⑦	8	⑨	10	⑪	12
−6 −10	−6 −12	−6 −16	−6 −20	−6 −31	−2 −6	−2 −8	−2 −12	0 −4	0 −6	0 −10	0 −14	0 −25	0 −40	0 −60	0 −100
−10 −15	−10 −18	−10 −22	−10 −28	−10 −40	−4 −9	−4 −12	−4 −16	0 −5	0 −8	0 −12	0 −18	0 −30	0 −48	0 −75	0 −120
−13 −19	−13 −22	−13 −28	−13 −35	−13 −49	−5 −11	−5 −14	−5 −20	0 −6	0 −9	0 −15	0 −22	0 −36	0 −58	0 −90	0 −150
−16 −24	−16 −27	−16 −34	−16 −43	−16 −59	−6 −14	−6 −17	−6 −24	0 −8	0 −11	0 −18	0 −27	0 −43	0 −70	0 −110	0 −180
−20 −29	−20 −33	−20 −41	−20 −53	−20 −72	−7 −16	−7 −20	−7 −28	0 −9	0 −13	0 −21	0 −33	0 −52	0 −84	0 −130	0 −210
−25 −36	−25 −41	−25 −50	−25 −64	−25 −87	−9 −20	−9 −25	−9 −34	0 −11	0 −16	0 −25	0 −39	0 −62	0 −100	0 −160	0 −250
−30 −43	−30 −49	−30 −60	−30 −76	−30 −104	−10 −23	−10 −29	−10 −40	0 −13	0 −19	0 −30	0 −46	0 −74	0 −120	0 −190	0 −300
−36 −51	−36 −58	−36 −71	−36 −90	−36 −123	−12 −27	−12 −34	−12 −47	0 −15	0 −22	0 −35	0 −54	0 −87	0 −140	0 −220	0 −350
−43 −61	−43 −68	−43 −83	−43 −106	−43 −143	−14 −32	−14 −39	−14 −54	0 −18	0 −25	0 −40	0 −63	0 −100	0 −160	0 −250	0 −400
−50 −70	−50 −79	−50 −96	−50 −122	−50 −165	−15 −35	−15 −44	−15 −61	0 −20	0 −29	0 −46	0 −72	0 −115	0 −185	0 −290	0 −460
−56 −79	−56 −88	−56 −108	−56 −137	−56 −186	−17 −40	−17 −49	−17 −69	0 −23	0 −32	0 −52	0 −81	0 −130	0 −210	0 −320	0 −520
−62 −87	−62 −98	−62 −119	−62 −151	−62 −202	−18 −43	−18 −54	−18 −75	0 −25	0 −36	0 −57	0 −89	0 −140	0 −230	0 −360	0 −570
−68 −95	−68 −108	−68 −131	−68 −165	−68 −223	−20 −47	−20 −60	−20 −83	0 −27	0 −40	0 −63	0 −97	0 −155	0 −250	0 −400	0 −630

基本尺寸/mm		常用及优先公差带														
		js			k			m			n			p		
大于	至	5	6	7	5	⑥	7	5	6	7	5	⑥	7	5	⑥	7
—	3	±2	±3	±5	+4 0	+6 0	+10 0	+6 +2	+8 +2	+12 +2	+8 +4	+10 +4	+14 +4	+10 +6	+12 +6	+16 +6
3	6	±2.5	±4	±6	+6 +1	+9 +1	+13 +1	+9 +4	+12 +4	+16 +4	+13 +8	+16 +8	+20 +8	+17 +12	+20 +12	+24 +12
6	10	±3	±4.5	±7	+7 +1	+10 +1	+16 +1	+12 +6	+15 +6	+21 +6	+16 +10	+19 +10	+25 +10	+21 +15	+24 +15	+30 +15
10	14	±4	±5.5	±9	+9 +1	+12 +1	+19 +1	+15 +7	+18 +7	+25 +7	+20 +12	+23 +12	+30 +12	+26 +18	+29 +18	+36 +18
14	18															
18	24	±4.5	±6.5	±10	+11 +2	+15 +2	+23 +2	+17 +8	+21 +8	+29 +8	+24 +15	+28 +15	+36 +15	+31 +22	+35 +22	+43 +22
24	30															
30	40	±5.5	±8	±12	+13 +2	+18 +2	+27 +2	+20 +9	+25 +9	+34 +9	+28 +17	+33 +17	+42 +17	+37 +26	+42 +26	+51 +26
40	50															
50	65	±6.5	±9.5	±15	+15 +2	+21 +2	+32 +2	+24 +11	+30 +11	+41 +11	+33 +20	+39 +20	+50 +20	+45 +32	+51 +32	+62 +32
65	80															
80	100	±7.5	±11	±17	+18 +3	+25 +3	+38 +3	+28 +13	+35 +13	+48 +13	+38 +23	+45 +23	+58 +23	+52 +37	+59 +37	+72 +37
100	120															
120	140	±9	±12.5	±20	+21 +3	+28 +3	+43 +3	+33 +15	+40 +15	+55 +15	+45 +27	+52 +27	+67 +27	+61 +43	+68 +43	+83 +43
140	160															
160	180															
180	200	±10	±14.5	±23	+24 +4	+33 +4	+50 +4	+37 +17	+46 +17	+63 +17	+51 +31	+60 +31	+77 +31	+70 +50	+79 +50	+96 +50
200	225															
225	250															
250	280	±11.5	±16	±26	+27 +4	+36 +4	+56 +4	+43 +20	+52 +20	+72 +20	+57 +34	+66 +34	+86 +34	+79 +56	+88 +56	+108 +56
280	315															
315	355	±12.5	±18	±28	+29 +4	+40 +4	+61 +4	+46 +21	+57 +21	+78 +21	+62 +37	+73 +37	+94 +37	+87 +62	+98 +62	+119 +62
355	400															
400	450	±13.5	±20	±31	+32 +5	+45 +5	+68 +5	+50 +23	+63 +23	+86 +23	+67 +40	+80 +40	+103 +40	+95 +68	+108 +68	+131 +68
450	500															

（带　圈　者　为　优　先　公　差　带）

r			s			t			u		v	x	y	z
5	6	7	5	⑥	7	5	6	7	⑥	7	6	6	6	6
+14 / +10	+16 / +10	+20 / +10	+18 / +14	+20 / +14	+24 / +14	—	—	—	+24 / +18	+28 / +18	—	+26 / +20	—	+32 / +26
+20 / +15	+23 / +15	+27 / +15	+24 / +19	+27 / +19	+31 / +19	—	—	—	+31 / +23	+35 / +23	—	+36 / +28	—	+43 / +35
+25 / +19	+28 / +19	+34 / +19	+29 / +23	+32 / +23	+38 / +23	—	—	—	+37 / +28	+43 / +28	—	+43 / +34	—	+51 / +42
+31 / +23	+34 / +23	+41 / +23	+36 / +28	+39 / +28	+46 / +28	—	—	—	+44 / +33	+51 / +33	—	+51 / +40	—	+61 / +50
						—	—	—			+50 / +39	+56 / +45	—	+71 / +60
+37 / +28	+41 / +28	+49 / +28	+44 / +35	+48 / +35	+56 / +35	—	—	—	+54 / +41	+62 / +41	+60 / +47	+67 / +54	+76 / +63	+86 / +73
						+50 / +41	+54 / +41	+62 / +41	+61 / +48	+69 / +48	+68 / +55	+77 / +64	+88 / +75	+101 / +88
+45 / +34	+50 / +34	+59 / +34	+54 / +43	+59 / +43	+68 / +43	+59 / +48	+64 / +48	+73 / +48	+76 / +60	+85 / +60	+84 / +68	+96 / +80	+110 / +94	+128 / +112
						+65 / +54	+70 / +54	+79 / +54	+86 / +70	+95 / +70	+97 / +81	+113 / +97	+130 / +114	+152 / +136
+54 / +41	+60 / +41	+71 / +41	+66 / +53	+72 / +53	+83 / +53	+79 / +66	+85 / +66	+96 / +66	+106 / +87	+117 / +87	+121 / +102	+141 / +122	+163 / +144	+191 / +172
+56 / +43	+62 / +43	+73 / +43	+72 / +59	+78 / +59	+89 / +59	+88 / +75	+94 / +75	+105 / +75	+121 / +102	+132 / +102	+139 / +120	+165 / +146	+193 / +174	+229 / +210
+66 / +51	+73 / +51	+86 / +51	+86 / +71	+93 / +71	+106 / +71	+106 / +91	+113 / +91	+126 / +91	+146 / +124	+159 / +124	+168 / +146	+200 / +178	+236 / +214	+280 / +258
+69 / +54	+76 / +54	+89 / +54	+94 / +79	+101 / +79	+114 / +79	+119 / +104	+126 / +104	+139 / +104	+166 / +144	+179 / +144	+194 / +172	+232 / +210	+276 / +254	+332 / +310
+81 / +63	+88 / +63	+103 / +63	+110 / +92	+117 / +92	+132 / +92	+140 / +122	+147 / +122	+162 / +122	+195 / +170	+210 / +170	+227 / +202	+273 / +248	+325 / +300	+390 / +365
+83 / +65	+90 / +65	+105 / +65	+118 / +100	+125 / +100	+140 / +100	+152 / +134	+159 / +134	+174 / +134	+215 / +190	+230 / +190	+253 / +228	+305 / +280	+365 / +340	+440 / +415
+86 / +68	+93 / +68	+108 / +68	+126 / +108	+133 / +108	+148 / +108	+164 / +146	+171 / +146	+186 / +146	+235 / +210	+250 / +210	+277 / +252	+335 / +310	+405 / +380	+490 / +465
+97 / +77	+106 / +77	+123 / +77	+142 / +122	+151 / +122	+168 / +122	+186 / +166	+195 / +166	+212 / +166	+265 / +236	+282 / +236	+313 / +284	+379 / +350	+454 / +425	+549 / +520
+100 / +80	+109 / +80	+126 / +80	+150 / +130	+159 / +130	+176 / +130	+200 / +180	+209 / +180	+226 / +180	+287 / +258	+304 / +258	+339 / +310	+414 / +385	+499 / +470	+604 / +575
+104 / +84	+113 / +84	+130 / +84	+160 / +140	+169 / +140	+186 / +140	+216 / +196	+225 / +196	+242 / +196	+313 / +284	+330 / +284	+369 / +340	+454 / +425	+549 / +520	+669 / +640
+117 / +94	+126 / +94	+146 / +94	+181 / +158	+190 / +158	+210 / +158	+241 / +218	+250 / +218	+270 / +218	+347 / +315	+367 / +315	+417 / +385	+507 / +475	+612 / +580	+742 / +710
+121 / +98	+130 / +98	+150 / +98	+193 / +170	+202 / +170	+222 / +170	+263 / +240	+272 / +240	+292 / +240	+382 / +350	+402 / +350	+457 / +425	+557 / +525	+682 / +650	+822 / +790
+133 / +108	+144 / +108	+165 / +108	+215 / +190	+226 / +190	+247 / +190	+293 / +268	+304 / +268	+325 / +268	+426 / +390	+447 / +390	+511 / +475	+626 / +590	+766 / +730	+936 / +900
+139 / +114	+150 / +114	+171 / +114	+233 / +208	+244 / +208	+265 / +208	+319 / +294	+330 / +294	+351 / +294	+471 / +435	+492 / +435	+566 / +530	+696 / +660	+856 / +820	+1036 / +1000
+153 / +126	+166 / +126	+189 / +126	+259 / +232	+272 / +232	+295 / +232	+357 / +330	+370 / +330	+393 / +330	+530 / +490	+553 / +490	+635 / +595	+780 / +740	+960 / +920	+1140 / +1100
+159 / +132	+172 / +132	+195 / +132	+279 / +252	+292 / +252	+315 / +252	+387 / +360	+400 / +360	+423 / +360	+580 / +540	+603 / +540	+700 / +660	+860 / +820	+1040 / +1000	+1290 / +1250

表2　常用及优先用途孔的极限偏差

基本尺寸/mm 大于	至	A 11	B 11	C 12	C ⑪	D 8	D ⑨	D 10	D 11	E 8	E 9	F 6	F 7	F ⑧	F 9	G 6
—	3	+330 / +270	+200 / +140	+240 / +140	+120 / +60	+34 / +20	+45 / +20	+60 / +20	+80 / +20	+28 / +14	+39 / +14	+12 / +6	+16 / +6	+20 / +6	+31 / +6	+8 / +2
3	6	+345 / +270	+215 / +140	+260 / +140	+145 / +70	+48 / +30	+60 / +30	+78 / +30	+105 / +30	+38 / +20	+50 / +20	+18 / +10	+22 / +10	+28 / +10	+40 / +10	+12 / +4
6	10	+370 / +280	+240 / +150	+300 / +150	+170 / +80	+62 / +40	+76 / +40	+98 / +40	+130 / +40	+47 / +25	+61 / +25	+22 / +13	+28 / +13	+35 / +13	+49 / +13	+14 / +5
10	14	+400 / +290	+260 / +150	+330 / +150	+205 / +95	+77 / +50	+93 / +50	+120 / +50	+160 / +50	+59 / +32	+75 / +32	+27 / +16	+34 / +16	+43 / +16	+59 / +16	+17 / +6
14	18	+400 / +290	+260 / +150	+330 / +150	+205 / +95	+77 / +50	+93 / +50	+120 / +50	+160 / +50	+59 / +32	+75 / +32	+27 / +16	+34 / +16	+43 / +16	+59 / +16	+17 / +6
18	24	+430 / +300	+290 / +160	+370 / +160	+240 / +110	+98 / +65	+117 / +65	+149 / +65	+195 / +65	+73 / +40	+92 / +40	+33 / +20	+41 / +20	+53 / +20	+72 / +20	+20 / +7
24	30	+430 / +300	+290 / +160	+370 / +160	+240 / +110	+98 / +65	+117 / +65	+149 / +65	+195 / +65	+73 / +40	+92 / +40	+33 / +20	+41 / +20	+53 / +20	+72 / +20	+20 / +7
30	40	+470 / +310	+330 / +170	+420 / +170	+280 / +120	+119 / +80	+142 / +80	+180 / +80	+240 / +80	+89 / +50	+112 / +50	+41 / +25	+50 / +25	+64 / +25	+87 / +25	+25 / +9
40	50	+480 / +320	+340 / +180	+430 / +180	+290 / +130	+119 / +80	+142 / +80	+180 / +80	+240 / +80	+89 / +50	+112 / +50	+41 / +25	+50 / +25	+64 / +25	+87 / +25	+25 / +9
50	65	+530 / +340	+380 / +190	+490 / +190	+330 / +140	+146 / +100	+174 / +100	+220 / +100	+290 / +100	+106 / +60	+134 / +60	+49 / +30	+60 / +30	+76 / +30	+104 / +30	+29 / +10
65	80	+550 / +360	+390 / +200	+500 / +200	+340 / +150	+146 / +100	+174 / +100	+220 / +100	+290 / +100	+106 / +60	+134 / +60	+49 / +30	+60 / +30	+76 / +30	+104 / +30	+29 / +10
80	100	+600 / +380	+440 / +220	+570 / +220	+390 / +170	+174 / +120	+207 / +120	+260 / +120	+340 / +120	+126 / +72	+159 / +72	+58 / +36	+71 / +36	+90 / +36	+123 / +36	+34 / +12
100	120	+630 / +410	+460 / +240	+590 / +240	+400 / +180	+174 / +120	+207 / +120	+260 / +120	+340 / +120	+126 / +72	+159 / +72	+58 / +36	+71 / +36	+90 / +36	+123 / +36	+34 / +12
120	140	+710 / +460	+510 / +260	+660 / +260	+450 / +200	+208 / +145	+245 / +145	+305 / +145	+395 / +145	+148 / +85	+185 / +85	+68 / +43	+83 / +43	+106 / +43	+143 / +43	+39 / +14
140	160	+770 / +520	+530 / +280	+680 / +280	+460 / +210	+208 / +145	+245 / +145	+305 / +145	+395 / +145	+148 / +85	+185 / +85	+68 / +43	+83 / +43	+106 / +43	+143 / +43	+39 / +14
160	180	+830 / +580	+560 / +310	+710 / +310	+480 / +230	+208 / +145	+245 / +145	+305 / +145	+395 / +145	+148 / +85	+185 / +85	+68 / +43	+83 / +43	+106 / +43	+143 / +43	+39 / +14
180	200	+950 / +660	+630 / +340	+800 / +340	+530 / +240	+242 / +170	+285 / +170	+355 / +170	+460 / +170	+172 / +100	+215 / +100	+79 / +50	+96 / +50	+122 / +50	+165 / +50	+44 / +15
200	225	+1030 / +740	+670 / +380	+840 / +380	+550 / +260	+242 / +170	+285 / +170	+355 / +170	+460 / +170	+172 / +100	+215 / +100	+79 / +50	+96 / +50	+122 / +50	+165 / +50	+44 / +15
225	250	+1110 / +820	+710 / +420	+880 / +420	+570 / +280	+242 / +170	+285 / +170	+355 / +170	+460 / +170	+172 / +100	+215 / +100	+79 / +50	+96 / +50	+122 / +50	+165 / +50	+44 / +15
250	280	+1240 / +920	+800 / +480	+1000 / +480	+620 / +300	+271 / +190	+320 / +190	+400 / +190	+510 / +190	+191 / +110	+240 / +110	+88 / +56	+108 / +56	+137 / +56	+186 / +56	+49 / +17
280	315	+1370 / +1050	+860 / +540	+1060 / +540	+650 / +330	+271 / +190	+320 / +190	+400 / +190	+510 / +190	+191 / +110	+240 / +110	+88 / +56	+108 / +56	+137 / +56	+186 / +56	+49 / +17
315	355	+1560 / +1200	+960 / +600	+1170 / +600	+720 / +360	+299 / +210	+350 / +210	+440 / +210	+570 / +210	+214 / +125	+265 / +125	+98 / +62	+119 / +62	+151 / +62	+202 / +62	+54 / +18
355	400	+1710 / +1350	+1040 / +680	+1250 / +680	+760 / +400	+299 / +210	+350 / +210	+440 / +210	+570 / +210	+214 / +125	+265 / +125	+98 / +62	+119 / +62	+151 / +62	+202 / +62	+54 / +18
400	450	+1900 / +1500	+1160 / +760	+1390 / +760	+840 / +440	+327 / +230	+385 / +230	+480 / +230	+630 / +230	+232 / +135	+290 / +135	+108 / +68	+131 / +68	+165 / +68	+223 / +68	+60 / +20
450	500	+2050 / +1650	+1240 / +840	+1470 / +840	+880 / +480	+327 / +230	+385 / +230	+480 / +230	+630 / +230	+232 / +135	+290 / +135	+108 / +68	+131 / +68	+165 / +68	+223 / +68	+60 / +20

(GB/T1800.4—1999)(尺寸至500mm)　　　　　　　　　　　　单位：μm$\left(\dfrac{1}{1000}\text{mm}\right)$

（带　圈　者　为　优　先　公　差　带）

H								JS			K			M		
⑦	6	⑦	⑧	⑨	10	⑪	12	6	7	8	6	⑦	8	6	7	8
+12 +2	+6 0	+10 0	+14 0	+25 0	+40 0	+60 0	+100 0	±3	±5	±7	0 −6	0 −10	0 −14	−2 −8	−2 −12	−2 −16
+16 +4	+8 0	+12 0	+18 0	+30 0	+48 0	+75 0	+120 0	±4	±6	±9	+2 −6	+3 −9	+5 −13	−1 −9	0 −12	+2 −16
+20 +5	+9 0	+15 0	+22 0	+36 0	+58 0	+90 0	+150 0	±4.5	±7	±11	+2 −7	+5 −10	+6 −16	−3 −12	0 −15	+1 −21
+24 +6	+11 0	+18 0	+27 0	+43 0	+70 0	+110 0	+180 0	±5.5	±9	±13	+2 −9	+6 −12	+8 −19	−4 −15	0 −18	+2 −25
+28 +7	+13 0	+21 0	+33 0	+52 0	+84 0	+130 0	+210 0	±6.5	±10	±16	+2 −11	+6 −15	+10 −23	−4 −17	0 −21	+4 −29
+34 +9	+16 0	+25 0	+39 0	+62 0	+100 0	+160 0	+250 0	±8	±12	±19	+3 −13	+7 −18	+12 −27	−4 −20	0 −25	+5 −34
+40 +10	+19 0	+30 0	+46 0	+74 0	+120 0	+190 0	+300 0	±9.5	±15	±23	+4 −15	+9 −21	+14 −32	−5 −24	0 −30	+5 −41
+47 +12	+22 0	+35 0	+54 0	+87 0	+140 0	+220 0	+350 0	±11	±17	±27	+4 −18	+10 −25	+16 −38	−6 −28	0 −35	+6 −48
+54 +14	+25 0	+40 0	+63 0	+100 0	+160 0	+250 0	+400 0	±12.5	±20	±31	+4 −21	+12 −28	+20 −43	−8 −33	0 −40	+8 −55
+61 +15	+29 0	+46 0	+72 0	+115 0	+185 0	+290 0	+460 0	±14.5	±23	±36	+5 −24	+13 −33	+22 −50	−8 −37	0 −46	+9 −63
+69 +17	+32 0	+52 0	+81 0	+130 0	+210 0	+320 0	+520 0	±16	±26	±40	+5 −27	+16 −36	+25 −56	−9 −41	0 −52	+9 −72
+75 +18	+36 0	+57 0	+89 0	+140 0	+230 0	+360 0	+570 0	±18	±28	±44	+7 −29	+17 −40	+28 −61	−10 −46	0 −57	+11 −78
+83 +20	+40 0	+63 0	+97 0	+155 0	+250 0	+400 0	+630 0	±20	±31	±48	+8 −32	+18 −45	+29 −68	−10 −50	0 −63	+11 −86

| 基本尺寸/mm | | 常用及优先公差带（带圈者为优先公差带） | | | | | | | | | | | |
大于	至	N6	N⑦	N8	P6	P⑦	R6	R7	S6	S⑦	T6	T7	U⑦
—	3	−4 / −10	−4 / −14	−4 / −18	−6 / −12	−6 / −16	−10 / −16	−10 / −20	−14 / −20	−14 / −24	—	—	−18 / −28
3	6	−5 / −13	−4 / −16	−2 / −20	−9 / −17	−8 / −20	−12 / −20	−11 / −23	−16 / −24	−15 / −27	—	—	−19 / −31
6	10	−7 / −16	−4 / −19	−3 / −25	−12 / −21	−9 / −24	−16 / −25	−13 / −28	−20 / −29	−17 / −32	—	—	−22 / −37
10	14	−9 / −20	−5 / −23	−3 / −30	−15 / −26	−11 / −29	−20 / −31	−16 / −34	−25 / −36	−21 / −39	—	—	−26 / −44
14	18										—	—	
18	24	−11 / −24	−7 / −28	−3 / −36	−18 / −31	−14 / −35	−24 / −37	−20 / −41	−31 / −44	−27 / −48	—	—	−33 / −54
24	30										−37 / −50	−33 / −54	−40 / −61
30	40	−12 / −28	−8 / −33	−3 / −42	−21 / −37	−17 / −42	−29 / −45	−25 / −50	−38 / −54	−34 / −59	−43 / −59	−39 / −64	−51 / −76
40	50										−49 / −65	−45 / −70	−61 / −86
50	65	−14 / −33	−9 / −39	−4 / −50	−26 / −45	−21 / −51	−35 / −54	−30 / −60	−47 / −66	−42 / −72	−60 / −79	−55 / −85	−76 / −106
65	80						−37 / −56	−32 / −62	−53 / −72	−48 / −78	−69 / −88	−64 / −94	−91 / −121
80	100	−16 / −38	−10 / −45	−4 / −58	−30 / −52	−24 / −59	−44 / −66	−38 / −73	−64 / −86	−58 / −93	−84 / −106	−78 / −113	−111 / −146
100	120						−47 / −69	−41 / −76	−72 / −94	−66 / −101	−97 / −119	−91 / −126	−131 / −166
120	140	−20 / −45	−12 / −52	−4 / −67	−36 / −61	−28 / −68	−56 / −81	−48 / −88	−85 / −110	−77 / −117	−115 / −140	−107 / −147	−155 / −195
140	160						−58 / −83	−50 / −90	−93 / −118	−85 / −125	−127 / −152	−119 / −159	−175 / −215
160	180						−61 / −86	−53 / −93	−101 / −126	−93 / −133	−139 / −164	−131 / −171	−195 / −235
180	200	−22 / −51	−14 / −60	−5 / −77	−41 / −70	−33 / −79	−68 / −97	−60 / −106	−113 / −142	−105 / −151	−157 / −186	−149 / −195	−219 / −265
200	225						−71 / −100	−63 / −109	−121 / −150	−113 / −159	−171 / −200	−163 / −209	−241 / −287
225	250						−75 / −104	−67 / −113	−131 / −160	−123 / −169	−187 / −216	−179 / −225	−267 / −313
250	280	−25 / −57	−14 / −66	−5 / −86	−47 / −79	−36 / −88	−85 / −117	−74 / −126	−149 / −181	−138 / −190	−209 / −241	−198 / −250	−295 / −347
280	315						−89 / −121	−78 / −130	−161 / −193	−150 / −202	−231 / −263	−220 / −272	−330 / −382
315	355	−26 / −62	−16 / −73	−5 / −94	−51 / −87	−41 / −98	−97 / −133	−87 / −144	−179 / −215	−169 / −226	−257 / −293	−247 / −304	−369 / −426
355	400						−103 / −139	−93 / −150	−197 / −233	−187 / −244	−283 / −319	−273 / −330	−414 / −471
400	450	−27 / −67	−17 / −80	−6 / −103	−55 / −95	−45 / −108	−113 / −153	−103 / −166	−219 / −259	−209 / −272	−317 / −357	−307 / −370	−467 / −530
450	500						−119 / −159	−109 / −172	−239 / −279	−229 / −292	−347 / −387	−337 / −400	−517 / −580

二、螺纹紧固件

表3　六角头螺栓—A和B级(GB/T5782-2000)、六角头螺栓—全螺纹—A和B级(GB/T5783-2000)

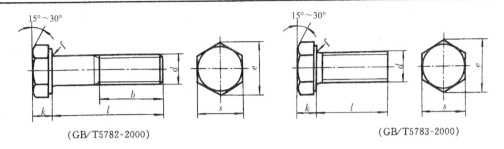

(GB/T5782-2000)　　　　　　　　　　　　　　(GB/T5783-2000)

标记示例:
　　螺纹规格 d = M12、公称长度 l = 80mm、性能等级为8.8级、表面氧化、产品等级为A级的六角头螺栓:
　　　　　　　　　　　螺栓 GB/T5782 M12×80

(mm)

螺纹规格 d		M3	M4	M5	M6	M8	M10	M12	(M14)	M16	(M18)	M20	(M22)	M24	(M27)	M30
k	公称	2	2.8	3.5	4	5.3	6.4	7.5	8.8	10	11.5	12.5	14	15	17	18.7
S 公称 = max		5.5	7	8	10	13	16	18	21	24	27	30	34	36	41	46
e min	A级	6.01	7.66	8.79	11.05	14.38	17.77	20.03	23.36	26.75	30.14	33.53	37.72	39.98	—	—
	B级	5.88	7.50	8.63	10.89	14.20	17.59	19.85	22.78	26.17	29.56	32.95	37.29	39.55	45.2	50.85
b 参考	$l \leqslant 125$	12	14	16	18	22	26	30	34	38	42	46	50	54	60	66
	$125 < l \leqslant 200$	18	20	22	24	28	32	36	40	44	48	52	56	60	66	72
	$l > 200$	31	33	35	37	41	45	49	53	57	61	65	69	73	79	85
商品规格范围	l GB/T 5782	20～30	25～40	25～50	30～60	40～80	45～100	50～120	60～140	65～160	70～180	80～200	90～220	90～240	100～260	110～300
	l(全螺纹) GB/T 5783	6～30	8～40	10～50	12～60	16～80	20～100	25～120	30～140	30～200	35～200	40～200	45～200	50～200	55～200	60～200
l 长度系列		6, 8, 10, 12, 16, 20, 25, 30, 35, 40, 45, 50, 55, 60, 65, 70, 80, 90, 100, 110, 120, 130, 140, 150, 160, 180, 200, 220, 240, 260, 280, 300														

注:尽可能不采用括号内的规格。

表4 双头螺柱 $b_m = 1d$(GB/T897-1988)、$b_m = 1.25d$(GB/T898-1988)、

$b_m = 1.5d$(GB/T899-1988)、$b_m = 2d$(GB/T900-1988)

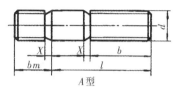

A 型

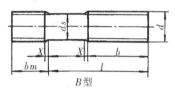

B 型

标记示例:

1. 两端均为粗牙普通螺纹,$d = 10$mm、$l = 50$mm、性能等级为 4.8 级、不经表面处理、B 型、$b_m = d$ 的双头螺柱:

螺柱 GB/T897-1988 M10 × 50

2. 旋入机体一端为粗牙普通螺纹,旋螺母一端为螺距 $P = 1$mm 的细牙普通螺纹,$d = 10$mm、$l = 50$mm、性能等级为 4.8 级,不经表面处理、A 型、$b_m = d$ 的双头螺柱:

螺柱 GB/T897-1988 AM10-M10 × 1 × 50

(mm)

螺纹规格 d	b_m				l/b
	GB/T897 -1988	GB/T898 -1988	GB/T899 -1988	GB/T900 -1988	
M2			3	4	(12~16)/6, (18~25)/10
M2.5			3.5	5	(14~18)/8,(20~30)/11
M3			4.5	6	(16~20)/6, (22~40)/12
M4			6	8	(16~22)/8, (25~40)/14
M5	5	6	8	10	(16~22)/10, (25~50)/16
M6	6	8	10	12	(20~22)/10, (25~30)/14, (32~75)/18
M8	8	10	12	16	(20~22)/12, (25~30)/16, (32~90)/22
M10	10	12	15	20	(25~28)/14, (30~38)/16, (40~120)/26, 130/32
M12	12	15	18	24	(25~30)/16, (32~40)/20, (45~120)/30, (130~180)/36
(M14)	14	18	21	28	(30~35)/18, (38~45)/25, (50~120)/34, (130~180)/40
M16	16	20	24	32	(30~38)/20, (40~55)/30, (60~120)/38, (130~200)/44
(M18)	18	22	27	36	(35~40)/22, (45~60)/35, (65~120)/42, (130~200)/48
M20	20	25	30	40	(35~40)/25, (45~65)/35, (70~120)/46, (130~200)/52
(M22)	22	28	33	44	(40~45)/30, (50~70)/40, (75~120)/50, (130~200)/56
M24	24	30	36	48	(45~50)/30, (55~75)/45, (80~120)/54, (130~200)/60
(M27)	27	35	40	54	(50~60)/35, (65~85)/50, (90~120)/60, (130~200)/66
M30	30	38	45	60	(60~65)/40, (70~90)/50, (95~120)/66, (130~200)/72, (210~250)/85
M36	36	45	54	72	(65~75)/45, (80~110)/60, 120/78, (130~200)/84, (210~300)/97
M42	42	52	63	84	(70~80)/50, (85~110)/70, 120/90, (130~200)/96, (210~300)/109
M48	48	60	72	96	(80~90)/60, (95~110)/80, 120/102, (130~200)/108, (210~300)/121
l (系列)	12, (14), 16, (18), 20, (22), 25, (28), 30, (32), 35, (38), 40, 45, 50, (55), 60, (65), 70, (75), 80, (85), 90, (95), 100, 110, 120, 130, 140, 150, 160, 170, 180, 190, 200, 210, 220, 230, 240, 250, 260, 280, 300				

注: 1. 尽可能不采用括号内的规格。

2. $d_s \approx$ 螺纹中径。

3. $x_{max} = 2.5P$(螺距)。

表5 开槽圆柱头螺钉(GB/T65-2000)、开槽盘头螺钉(GB/T67-2000)、开槽沉头螺钉(GB/T68-2000)

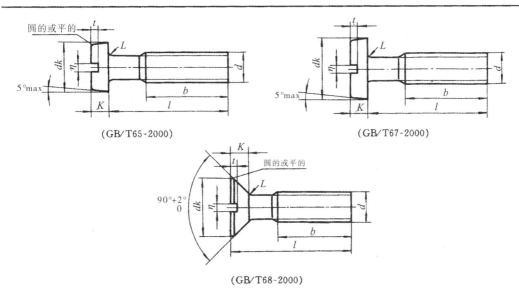

(GB/T65-2000)   (GB/T67-2000)

(GB/T68-2000)

标记示例:
螺纹规格 d = M5、公称长度 l = 20mm、性能等级为 4.8 级,不经表面处理的 A 级开槽圆柱头螺钉:
螺钉 GB/T65 M5×20

(mm)

	螺纹规格 d	M1.6	M2	M2.5	M3	M4	M5	M6	M8	M10
GB/T65 -2000	d_k公称 = max	3	3.8	4.5	5.5	7	8.5	10	13	16
	k 公称 = max	1.1	1.4	1.8	2	2.6	3.3	3.9	5	6
	t min	0.45	0.6	0.7	0.85	1.1	1.3	1.6	2	2.4
	l	2~16	3~20	3~25	4~35	5~40	6~50	8~60	10~80	12~80
	全螺纹时最大长度		全 螺 纹				40	40	40	40
GB/T67 -2000	d_k公称 = max	3.2	4	5	5.6	8	9.5	12	16	20
	k 公称 = max	1	1.3	1.5	1.8	2.4	3	3.6	4.8	6
	t min	0.35	0.5	0.6	0.7	1	1.2	1.4	1.9	2.4
	l	2~16	2.5~20	3~25	4~30	5~40	6~50	8~60	10~80	12~80
	全螺纹时最大长度		全 螺 纹				40	40	40	40
GB/T68 -2000	d_k公称 = max	3	3.8	4.7	5.5	8.4	9.3	11.3	15.8	18.3
	k 公称 = max	1	1.2	1.5	1.65	2.7	2.7	3.3	4.65	5
	t min	0.32	0.4	0.5	0.6	1	1.1	1.2	1.8	2
	l	2.5~16	3~20	4~25	5~30	6~40	8~50	8~60	10~80	12~80
	全螺纹时最大长度		全 螺 纹				45	45	45	45
	n	0.4	0.5	0.6	0.8	1.2	1.2	1.6	2	2.5
	b		25				38			
	l(系列)	2, 2.5, 3, 4, 5, 6, 8, 10, 12, (14), 16, 20, 25, 30, 35, 40, 45, 50, (55), 60, (65), 70, (75), 80								

表6　开槽锥端紧定螺钉(GB/T71-1985)、开槽平端紧定螺钉(GB/T73-1985)、
开槽凹端紧定螺钉(GB/T74-1985)、开槽长圆柱端紧定螺钉(GB/T75-1985)

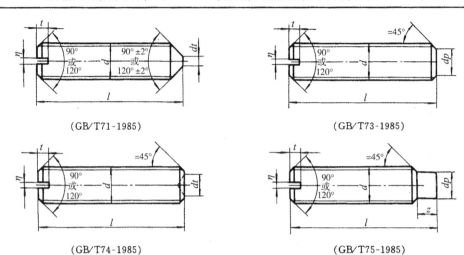

(GB/T71-1985)　　　　　　　　　　　　　(GB/T73-1985)

(GB/T74-1985)　　　　　　　　　　　　　(GB/T75-1985)

标记示例：

螺纹规格 d = M5、公称长度 l = 12mm、性能等级为 14H 级、表面氧化的开槽锥端紧定螺钉：

螺钉　GB/T71　M5 × 12

(mm)

螺纹规格 d		M1.2	M1.6	M2	M2.5	M3	M4	M5	M6	M8	M10	M12
n	公称	0.2	0.25	0.25	0.4	0.4	0.6	0.8	1	1.2	1.6	2
t	min	0.4	0.56	0.64	0.72	0.8	1.12	1.28	1.6	2	2.4	2.8
d_t	max	0.12	0.16	0.2	0.25	0.3	0.4	0.5	1.5	2	2.5	3
d_p	max	0.6	0.8	1	1.5	2	2.5	3.5	4	5.5	7	8.5
d_z	max		0.8	1	1.2	1.4	2	2.5	3	5	6	8
z	max		1.05	1.25	1.5	1.75	2.25	2.75	3.25	4.3	5.3	6.3
公称长度 l	GB/T71	2~6	2~8	3~10	3~12	4~16	6~20	8~25	8~30	10~40	12~50	14~60
	GB/T73	2~6	2~8	2~10	2.5~12	3~16	4~20	5~25	6~30	8~40	10~50	12~60
	GB/T74		2~8	2.5~10	3~12	3~16	4~20	5~25	6~30	8~40	10~50	12~60
	GB/T75		2.5~8	3~10	4~12	5~16	6~20	8~25	8~30	10~40	12~50	14~60
公称长度 $l\leqslant$ 右表内值时的短螺钉,应按上图中所注 120°角制成；而 90°用于其余长度	GB/T71	2	2.5			3						
	GB/T73		2	2.5	3	3	4	5	6			
	GB/T74		2	2.5	3	4	5	5	6	8	10	12
	GB/T75		2.5	3	4	5	6	8	10	14	16	20
l(系列)		2, 2.5, 3, 4, 5, 6, 8, 10, 12, (14), 16, 20, 25, 30, 35, 40, 45, 50, (55), 60										

注：尽可能不采用括号内的规格。

表7 六角螺母—C 级(GB/T41-2000)、1 型六角螺母—A 和 B 级(GB/T6170-2000)、六角薄螺母—A 和 B 级(GB/T6172.1-2000)

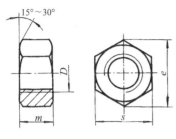

(GB/T41-2000)

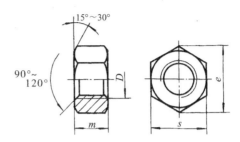

(GB/T6170-2000)、(GB/T6172-2000)

标记示例:

螺纹规格 D = M12、性能等级为 5 级、不经表面处理、产品等级为 C 级的六角螺母:

　　螺母 GB/T41 M12

标记示例:

螺纹规格 D = M12、性能等级为 8 级、不经表面处理、产品等级为 A 级的 1 型六角螺母:

　　螺母 GB/T6170 M12

螺纹规格 D = M12、性能等级为 04 级、不经表面处理、产品等级为 A 级的六角薄螺母:

　　螺母 GB/T6172.1 M12

(mm)

螺纹规格 D		M3	M4	M5	M6	M8	M10	M12	(M14)	M16	(M18)	M20	(M22)	M24	(M27)	M30	M36	M42	M48
e 近似		6	7.7	8.8	11	14.4	17.8	20	23.4	26.8	29.6	35	37.3	39.6	45.2	50.9	60.8	72	82.6
S 公称=max		5.5	7	8	10	13	16	18	21	24	27	30	34	36	41	46	55	65	75
m max	GB/T 6170	2.4	3.2	4.7	5.2	6.8	8.4	10.8	12.8	14.8	15.8	18	19.4	21.5	23.8	25.6	31	34	38
	GB/T 6172	1.8	2.2	2.7	3.2	4	5	6	7	8	9	10	11	12	13.5	15	18	21	24
	GB/T 41			5.6	6.4	7.9	9.5	12.2	13.9	15.9	16.9	19	20.2	22.3	24.7	26.4	31.9	34.9	38.9

注:1. 表中 e 为圆整近似值。

2. 尽可能不采用括号内的规格。

3. A 级用于 $D \leqslant 16$ 的螺母;B 级用于 $D > 16$ 的螺母。

表8　平垫圈—C 级（GB/T95-1985）、大垫圈—A 和 C 级（GB/T96-1985）、

平垫圈—A 级（GB/T97.1-1985）、平垫圈　倒角型—A 级（GB/T97.2-1985）、小垫圈—A 级（GB/T848-1985）

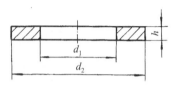

（GB/T95-1985）、（GB/T96-1985）
（GB/T97.1-1985）、（GB/T848-1985）

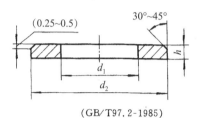

（GB/T97.2-1985）

标记示例：
　标准系列、规格 8mm、性能等级为 100HV
级，不经表面处理的平垫圈：
　　　垫圈　GB/T95　8

标记示例：
　标准系列、规格 8mm、性能等级为 140HV 级、倒角型、不经表面处理的平垫圈：
　　　垫圈　GB/T97.2　8
　标准系列、规格 8mm、性能等级为 A140 级、倒角型、不经表面处理的平垫圈：
　　　垫圈　GB/T97.2　8　A140

(mm)

规格（螺纹大径）d	标 准 系 列 GB/T95、GB/T97.1、GB/T97.2				大 系 列 GB/T96			小 系 列 GB/T848		
	d_2 公称 max	h 公称	d_1 公称 min (GB/T95)	d_1 公称 min (GB/T97.1、GB/T97.2)	d_1 公称 min	d_2 公称 max	h 公称	d_1 公称 min	d_2 公称 max	h 公称
1.6	4	0.3		1.7				1.7	3.5	0.3
2	5	0.3		2.2				2.2	4.5	0.3
2.5	6	0.5		2.7				2.7	5	0.5
3	7	0.5		3.2	3.2	9	0.8	3.2	6	0.5
4	9	0.8		4.3	4.3	12	1	4.3	8	0.5
5	10	1	5.5	5.3	5.3	15	1.2	5.3	9	1
6	12	1.6	6.6	6.4	6.4	18	1.6	6.4	11	1.6
8	16	1.6	9	8.4	8.4	24	2	8.4	15	1.6
10	20	2	11	10.5	10.5	30	2.5	10.5	18	1.6
12	24	2.5	13.5	13	13	37	3	13	20	2
14	28	2.5	15.5	15	15	44	3	15	24	2.5
16	30	3	17.5	17	17	50	3	17	28	2.5
20	37	3	22	21	22	60	4	21	34	3
24	44	4	26	25	26	72	5	25	39	4
30	56	4	33	31	33	92	6	31	50	4
36	66	5	39	37	39	110	8	37	60	5

注：1. GB/T95、GB/T97.2，d 的范围为 5～36mm；GB/T96，d 的范围为 3～36mm；GB/T848、GB/T97.1，d 的范围为 1.6～36。

　　2. GB/T848 主要用于带圆柱头的螺钉，其他用于标准的六角螺栓、螺钉和螺母。

表9 标准型弹簧垫圈(GB/T93-1987)、轻型弹簧垫圈(GB/T859-1987)

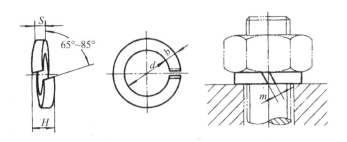

标记示例:
　　规格16mm、材料为65Mn、表面氧化的标准型弹簧垫圈:
　　　　　　　垫圈　GB/T93　16

(mm)

规　格 (螺纹大径)	d min	GB/T93		GB/T859		
		S=b 公称	m′≤	S 公称	b 公称	m′≤
2	2.1	0.5	0.25			
2.5	2.6	0.65	0.33			
3	3.1	0.8	0.4	0.6	1	0.3
4	4.1	1.1	0.55	0.8	1.2	0.4
5	5.1	1.3	0.65	1.1	1.5	0.55
6	6.1	1.6	0.8	1.3	2	0.65
8	8.1	2.1	1.05	1.6	2.5	0.8
10	10.2	2.6	1.3	2	3	1
12	12.2	3.1	1.55	2.5	3.5	1.25
(14)	14.2	3.6	1.8	3	4	1.5
16	16.2	4.1	2.05	3.2	4.5	1.6
(18)	18.2	4.5	2.25	3.6	5	1.8
20	20.2	5	2.5	4	5.5	2
(22)	22.5	5.5	2.75	4.5	6	2.25
24	24.5	6	3	5	7	2.5
(27)	27.5	6.8	3.4	5.5	8	2.75
30	30.5	7.5	3.75	6	9	3
36	36.5	9	4.5			
42	42.5	10.5	5.25			
48	48.5	12	6			

注:尽可能不采用括号内的规格。

三、销与键

表10 圆柱销 不淬硬钢和奥氏体不锈钢(GB/T119.1-2000)、
圆柱销 淬硬钢和马氏体不锈钢(GB/T119.2-2000)

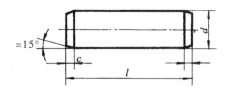

标记示例(GB/T119.1)

公称直径 $d = 6mm$、公差为 m6,公称长度 $l = 30mm$、材料为钢,不经淬火,不经表面处理的圆柱销:

销 GB/T119.1 6m6×30

公称直径 $d = 6mm$、公差为 m6,公称长度 $l = 30mm$、材料为 A1 组奥氏体不锈钢、表面简单处理的圆柱销:

销 GB/T119.1 6m6×30—A1

(mm)

d(公称) m6/h8 (GB/T119.1) m6 (GB/T119.2)	2.5	3	4	5	6	8	10	12	16	20	25	30
$c \approx$	0.4	0.5	0.63	0.8	1.2	1.6	2	2.5	3	3.5	4	5
l GB/T 119.1	6~24	8~30	8~40	10~50	12~60	14~80	18~95	22~140	26~180	35~200	50~200	60~200
GB/T 119.2	6~24	8~30	10~40	12~50	14~60	18~80	22~100	26~100	40~100	50~100		
l(系列)	6, 8, 10, 12, 14, 16, 18, 20, 22, 24, 26, 28, 30, 32, 35, 40, 45, 50, 55, 60, 65, 70, 75, 80, 85, 90, 95, 100, 120, 140, 160, 180, 200											

表11 圆锥销(GB/T117-2000)

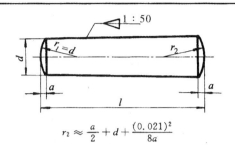

$$r_2 \approx \frac{a}{2} + d + \frac{(0.021)^2}{8a}$$

标记示例：
公称直径 $d = 6$mm、公称长度 $l = 30$mm、
材料为35钢、热处理硬度28~38HRC、表
面氧化处理的A型圆锥销：
销 GB/T117 6×30

(mm)

d(公称)$h10$	2.5	3	4	5	6	8	10	12	16	20	25	30
$a \approx$	0.3	0.4	0.5	0.63	0.8	1.0	1.2	1.6	2	2.5	3.0	4.0
l	10~35	12~45	14~55	18~60	22~90	22~120	26~160	32~180	40~200	45~200	50~200	55~200
l(系列)	10, 12, 14, 16, 18, 20, 22, 24, 26, 28, 30, 32, 35, 40, 45, 50, 55, 60, 65, 70, 75, 80, 85, 90, 95, 100, 120, 140, 160, 180, 200											

表12　平键和键槽的剖面尺寸（GB/T1095-2003）
　　　　普通平键的型式尺寸（GB/T1096-2003）

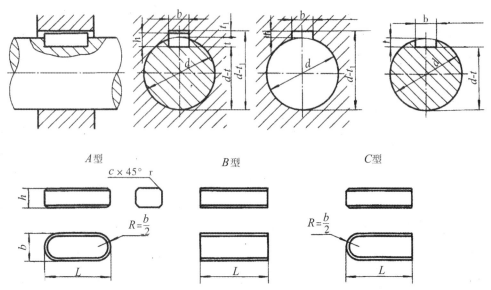

A型　　　　　　　B型　　　　　　　C型

标　记　示　例

圆头普通平键(A型)$b=16$mm、$h=10$mm、$L=100$mm　键 $16×100$ GB/T1096
平头普通平键(B型)$b=16$mm、$h=10$mm、$L=100$mm　键 B$16×100$ GB/T1096
单圆头普通平键(C型)$b=16$mm、$h=10$mm、$L=100$mm　键 C$16×100$ GB/T1096

(mm)

轴	键		键槽											
			宽　度 b						深　度				半径	
公称直径	公称尺寸	长度	公称尺寸	极　限　偏　差					轴 t		毂 t_1		r	
				较松键联结		一般键联结		较紧键联结						
d	$b×h$	L	b	轴 H9	毂 D10	轴 N9	毂 JS9	轴和毂 P9	公称尺寸	极限偏差	公称尺寸	极限偏差	最小	最大
自 6~8	2×2	6~20	2	+0.025 0	+0.060 +0.020	−0.004 −0.029	±0.0125	−0.006 −0.031	1.2		1		0.08	0.16
>8~10	3×3	6~36	3						1.8	+0.1 0	1.4	+0.1 0		
>10~12	4×4	8~45	4	+0.030 0	+0.078 +0.030	0 −0.030	±0.015	−0.012 −0.042	2.5		1.8		0.08	0.16
>12~17	5×5	10~56	5						3.0		2.3			
>17~22	6×6	14~70	6						3.5		2.8			
>22~30	8×7	18~90	8	+0.036 0	+0.098 +0.040	0 −0.036	±0.018	−0.015 −0.051	4.0		3.3		0.16	0.25
>30~38	10×8	22~110	10						5.0		3.3			
>38~44	12×8	28~140	12	+0.043 0	+0.120 +0.050	0 −0.043	±0.0215	−0.018 −0.061	5.0		3.3			
>44~50	14×9	36~160	14						5.5		3.8			
>50~58	16×10	45~180	16						6.0	+0.2 0	4.3	+0.2 0	0.25	0.40
>58~65	18×11	50~200	18						7.0		4.4			
>65~75	20×12	56~220	20	+0.052 0	+0.149 +0.065	0 −0.052	±0.026	−0.022 −0.074	7.5		4.9			
>75~85	22×14	63~250	22						9.0		5.4			
>85~95	25×14	70~280	25						9.0		5.4		0.40	0.60
>95~110	28×16	80~320	28						10.0		6.4			
>110~130	32×18	80~360	32						11.0		7.4			
>130~150	36×20	100~400	36	+0.062 0	+0.180 +0.080	0 −0.062	±0.031	−0.026 −0.088	12.0	+0.3 0	8.4	+0.3 0	0.70	1.0
>150~170	40×22	100~400	40						13.0		9.4			
>170~200	45×25	110~450	45						15.0		10.4			

注：1. $(d-t)$ 和 $(d+t_1)$ 两组组合尺寸的极限偏差按相应的 t 和 t_1 的极限偏差选取，但 $(d-t)$ 极限偏差应取负号（一）。
　　2. L 系列：6、8、10、12、14、16、18、20、22、25、28、32、36、40、45、50、56、63、70、80、90、100、110、125、140、160、180、200、220、250、280、320、330、400、450。